NOTICES

L'AMÉLIORATION DES PLANTES

PAR LE SEMIS

NOTICES

SUR

L'AMÉLIORATION DES PLANTES

PAR LE SEMIS

ET CONSIDÉRATIONS SUR

L'HÉRÉDITÉ DANS LES VÉGÉTAUX

PAR M. Louis VILMORIN

PRÉCÉDÉES D'UN MÉMOIRE SUR L'AMÉLIORATION DE LA

CAROTTE SAUVAGE

PAR M. VILMORIN

Correspondant de l'Institut, Membre de la Société centrale d'Agriculture.

PARIS

LIBRAIRIE AGRICOLE

RUE JACOB, 26.

1859

Au moment de commencer sur la question de l'hérédité un travail plus complet et, je l'espère, plus rigoureux que ce que j'ai pu faire jusqu'à ce jour sur cette question, j'ai voulu réunir et relire les différentes notes que j'avais déjà publiées sur ce sujet ou sur les points qui s'y rattachent le plus directement; et comme elles ont été imprimées dans des recueils divers, et que les tirages que j'avais fait faire de quelques-unes d'entre elles sont épuisés, je me suis décidé à en faire ici une réimpression collective.

Pour donner plus d'intérêt à ce recueil, j'ai obtenu de mon père l'autorisation de le faire précéder de son mémoire sur l'*amélioration de la Carotte sauvage*, inséré dans les *Transactions de la Société horticulturale de Londres*, en 1840 (1), mais qui n'avait point encore été imprimé en langue française. Ce mémoire, qui a été le point de départ de toutes les études que j'ai pu faire dans ce genre, contient, non seulement le germe, mais même l'énoncé très explicite de la plupart des idées, que j'ai eu plus tard l'occasion de développer davantage, sur la théorie de l'amélioration des plantes par le semis.

Les méthodes que nous avons suivies ont toujours été basées sur le même principe, qui consistait à mettre en évidence, par un artifice quelconque, les qualités sur lesquelles le choix devait être fondé. Ainsi, dans l'expérience de mon père sur la *Carotte*, il était important de choisir les plantes les plus tardives, à quelque faible degré que ce fût. De si petites différences eussent été perdues, insaisissables dans des semis de printemps; elles se fussent

(1) 2ᵉ série, t. ɪɪ, pag. 348.

traduites par un ou deux jours de différence dans l'époque de montaison, ce phénomène ayant lieu au milieu de l'été. Mais en amenant, par des semis de plus en plus tardifs, les plantes à butter en quelque sorte contre la saison d'automne, en portant ainsi le moment où se décide la question de savoir si la plante montera en tige ou restera en rosette, à une époque où la végétation fait moins de progrès dans une semaine qu'elle n'en fait dans une journée d'été, de petites différences de tardiveté, insaisissables dans une autre saison, deviennent assez marquantes pour que certaines plantes puissent franchir cette époque critique et donner naissance à une tige, tandis que d'autres, restant à l'état de rosette, prendront, par la force des choses, le mode de végétation des plantes bisannuelles, et accumuleront comme elles, dans la racine, les sucs destinés à nourrir la tige qui s'élancera au printemps suivant.

La basse température de l'automne aura été, dans ce cas, l'instrument, ou, si l'on veut, le réactif qui aura mis en évidence la légère tendance à la tardiveté qu'il eût été impossible de reconnaître sans cet artifice. D'un autre côté, son rôle aura été en même temps actif, en ce que, ralentissant la végétation, elle aura permis l'accumulation des sucs et placé les plantes qui y étaient disposées par leur tempérament propre, dans des conditions où elles pouvaient acquérir le développement que nous cherchions à leur faire prendre.

Dans les autres expériences du même genre que j'ai tentées depuis, la séparation des deux moyens rend la chose plus simple; les procédés plus ou moins compliqués que je suis obligé d'employer pour arriver à la constatation de la qualité que je recherche, n'ont rien de commun avec ceux qui servent à la culture ou à la multiplication de la plante. Je n'agis sur elle par aucune influence autre que celles que lui impriment les individus choisis pour reproducteurs. J'ai même évité avec soin toutes les influences extérieures qui pourraient avoir quelque efficacité, attendu qu'elles n'auraient pu que gêner l'appréciation des résultats qui pouvaient être attribués à l'hérédité.

Il y a une question qui me préoccupe, et que je n'ai point encore abordée, faute de données suffisantes, mais que je poserai ici toutefois, parce que je la considère comme très importante pour le point qui nous occupe et que je ne désespère pas qu'on ne puisse l'attaquer plus tard, quand les matériaux qui s'y rattachent seront plus nombreux : cette question est celle de savoir si les qualités ou les caractères produits dans un individu par des circonstances extérieures et accidentelles qui lui sont propres et qui n'ont pas affecté ses ancêtres, sont, dans une proportion quelconque, transmissibles par génération. Je sais que les éleveurs qui se sont occupés de croisements d'animaux seront disposés à y répondre affirmativement, tandis que, de mon côté, l'*instinct* me porterait à répondre négativement. Mais si je cherche sérieusement à me rendre compte de mon opinion sur ce point, je dirai que c'est un problème indéterminé : c'est-à-dire une question sur laquelle les données principales nous manquent absolument.

On trouvera dans ce recueil, de même que dans les études que je me propose de continuer dans cette direction, deux points de vue connexes, mais cependant distincts : l'un, l'étude de l'hérédité, que je cherche à dégager le plus possible des circonstances qui peuvent masquer son action ; l'autre, embrassant d'une manière plus générale la théorie de l'amélioration des plantes par le semis, et dans lequel alors j'étudie l'influence des circonstances extérieures, tant sur l'individu que sur la race. A ce second point de vue, la question se trouve compliquée des variations naturelles des plantes à l'étude. Car ce n'est qu'après avoir déterminé l'amplitude normale de ces variations que l'on peut juger s'il s'en présente de plus considérables et que l'on puisse attribuer avec certitude à l'action des causes de perturbation que l'on étudie.

Ceci m'amène à parler d'une des plus grandes difficultés que j'aie rencontrées dans les études de cette nature, difficulté qui a retardé jusqu'à présent la publication du travail que j'ai entrepris sur l'amélioration de la Betterave à sucre. Cette difficulté est celle d'arriver à des moyennes concordantes. J'avais, en commençant ces études, adopté le nombre 10, ou la moyenne de 10 observations, m'imaginant qu'en diminuant d'une décimale le chiffre de l'erreur probable, j'arriverais à une exactitude très suffisante.

Malheureusement il n'en est pas ainsi ; et bien que mon esprit ne saisisse pas nettement ce qui peut en être cause, il est rare que je puisse arriver à des totaux ne différant que par un ou deux centièmes, à moins d'aligner parallèlement 25 ou 30 observations. Ceci rend très longues et très minutieuses les recherches de ce genre ; car si je n'avais pas été amené à faire ainsi la preuve des méthodes que j'allais employer, j'aurais été naturellement porté à considérer comme valables ces moyennes de 10 observations faites avec soin, et je me serais laissé aller à tirer des conclusions des chiffres qu'elles me fournissaient. Mis en garde par cette difficulté inattendue, je n'en suis pas précisément découragé ; mais je suis obligé de demander beaucoup d'indulgence pour le temps qu'il me faudra encore avant d'apporter les résultats que, l'année dernière, je croyais toucher du doigt. J'ai la certitude que le sens de ces résultats ne changera pas, mais je ne les veux produire que quand ils seront suffisamment corrects et appuyés sur un assez grand nombre de chiffres pour que je puisse les considérer comme n'étant plus sujets à varier.

Ce serait, du reste, un bien joli sujet d'études, et c'est un sujet que j'ai été souvent tenté d'entreprendre, que celui du degré d'approximation qu'il est possible d'atteindre dans des expériences agricoles ou horticoles. Le nombre des actions qui sont en jeu est si considérable, la manière dont elles peuvent se combiner est si variée, que cela m'explique en partie combien il est difficile d'obtenir des résultats complètement concordants, et combien, dans une expérience où toutes les influences, sauf celle que l'on étudie, doivent rester invariables, ce *cœteris paribus* correct est une condition difficile à remplir.

Paris, le 12 décembre 1858.

NOTICE SUR L'AMÉLIORATION

DE LA

CAROTTE SAUVAGE

PAR

M. VILMORIN (1)

—

Lue à la Société Horticulturale de Londres, le 3 mars 1840.

—

La plupart de nos plantes potagères et principalement
les plus perfectionnées et les plus utiles d'entre elles, sont
évidemment des déviations d'espèces primitives modifiées
par l'intelligence et le travail de l'homme. On en peut voir
la preuve en comparant à elles-mêmes, dans les deux états
différents, celles dont les types sauvages nous sont connus :
le chou, la carotte, le navet, etc.

Ce fait, considéré soit dans son ensemble, soit dans ses
détails, présente plusieurs sujets d'études d'un grand
intérêt. D'un côté, il se rattache à l'un des problèmes les
plus importants de la philosophie naturelle, celui des lois
qui régissent l'espèce et ses variations ; de l'autre, il inté-
resse, et la botanique proprement dite, et la physiologie ;
la première, quant à la détermination des espèces auxquelles appartiennent les nombreuses variétés cultivées ;
la seconde, sous le rapport des changements opérés dans
les proportions et le développement des organes ou des par-

(1) Transactions of the Horticultural Society, 2ᵉ série, T. II, p. 348.

tics de la plante. Mais le point de vue le plus intéressant, peut-être, en même temps que le plus utile, sous lequel on puisse considérer ces modifications est celui *des moyens par lesquels elles ont été effectuées.*

C'est une question à peu près neuve pour nous. L'habitude de voir nos plantes alimentaires sous leurs formes actuelles; leur utilité même, leur usage vulgaire et journalier, les font, en général, considérer comme des productions toutes naturelles et dont l'origine n'aurait rien de particulier; aussi n'a-t-elle pas excité la curiosité des cultivateurs; les botanistes, de leur côté, ont longtemps dédaigné de s'occuper des variétés jardinières : elles ont donc été fort délaissées sous ce rapport (1).

Si l'attention, cependant, s'arrête sur ce sujet, si l'on se demande comment les pivots faibles, filamenteux, à peine charnus de quelques plantes sauvages ont été transformés en nos volumineuses racines potagères; comment surtout a été créée la pomme du chou, par quels procédés les feuilles étagées sur la tige du chou sauvage ont été agglomérées et resserrées en cette masse compacte et charnue, l'esprit restera étonné devant cette question. L'horticulture moderne, si avancée qu'elle soit à bien des égards, n'offre l'exemple de rien de semblable. Quelques légumes nouveaux ont été introduits dans les jardins, de nos jours ou dans le cours du siècle dernier; ils sont restés tels, ou à peu de chose près, qu'ils étaient originairement. On peut surtout citer parmi eux le *Sea-kale;* sa culture depuis 40 à 50 ans s'est généralisée en Angleterre, elle y

(1) M. Decandolle est, je crois, le premier parmi les grands botanistes, qui ait fait sentir la nécessité de l'étude de ces plantes ; il y a insisté dans plusieurs de ses ouvrages, et voulant joindre l'application au précepte, il a publié un mémoire important sur les *espèces et variétés de Choux et de Raiforts cultivés en Europe.* Un savant très recommandable, Duchesne, avait, dans des vues analogues, étudié et donné de bonnes monographies des fraisiers et des courges.

est l'objet de beaucoup de soins ; cependant la plante n'a subi, jusqu'ici, de changements sensibles dans ses formes ni dans ses dimensions (1). Il en est de même du *Tetragonia expansa*, qui est aujourd'hui ce qu'il était à son début, et des autres plantes potagères d'une introduction plus récente.

Quant à nos légumes anciens, ils nous ont été transmis *tout façonnés* par les générations qui nous ont précédés. L'origine de la plupart d'entre eux remonte à des temps inconnus ; il en est même dont les types sauvages n'existent plus, ou, du moins, n'ont pas été retrouvés jusqu'ici par les botanistes et que nous ne possédons qu'à l'état domestique ou cultivé. Il est bien vrai que ces mêmes plantes se perfectionnent encore entre nos mains, que nous en obtenons journellement des variétés nouvelles ; mais, entre ces variations d'espèces déjà modifiées et l'amélioration première d'une plante sauvage, il existe une différence fondamentale dont il importe de se rendre compte.

Lorsque, par des moyens quelconques, on a fait dévier une espèce de son état primitif, la race ou les races en quelque sorte artificielles qui en sont résultées sont essentiellement variables. C'est ce que nous voyons dans nos espèces jardinières, qui tendent sans cesse à *jouer*, ordinairement pour dégénérer (à notre sens), c'est-à-dire retourner à leur souche première, souvent aussi, par des influences contraires et diverses (car ce phénomène est fort complexe dans ses causes comme dans ses effets), pour s'en écarter davantage ou pour subir des changements nouveaux. L'espèce naturelle, au contraire, est essentiel-

---

(1) Des amateurs qui habitent le voisinage des côtes où croît le *Sea-kale*, m'ont assuré qu'il n'était pas rare d'en trouver des individus, à l'état naturel, aussi beaux et aussi développés que ceux que l'on voit dans les jardins.

fixe et stable ; elle ne varie, sauf de rares exceptions, que dans les limites assignées aux différences individuelles ; différences qui s'éteignent et se renouvellent avec les individus sans laisser de traces durables et donner naissance à des races nouvelles.

Ceci explique comment nous obtenons si facilement des variétés de nos plantes potagères déjà déviées et améliorées, tandis que, si nous introduisons dans la culture une espèce encore à l'état naturel, nous ne la voyons pas se modifier sensiblement. Ces modifications, cependant, sont possibles ; elles ont été opérées par les hommes d'autrefois sur un bon nombre d'espèces ; mais la tradition des moyens, non plus que la pratique elle-même ne s'est perpétuée jusqu'à nous.

On pourrait croire, et cette opinion m'a été quelquefois manifestée par des hommes éclairés, que, pour la création des variétés alimentaires perfectionnées, il a dû suffire d'une nourriture abondante et des soins de la culture jardinière ; mais un examen attentif ne permet d'adopter cette opinion que dans un sens très restreint. Certainement ces soins sont au nombre des moyens indispensables ; mais il est indubitable aussi que, seuls, ils ne suffiraient pas. Donnez au chou sauvage une nourriture très abondante, traitez-le *jardinièrement*, vous lui procurerez un développement plus vigoureux, des dimensions plus fortes, ses feuilles deviendront plus amples, ses tiges plus hautes, vous en ferez le *chou cavalier* ou le *chou vert branchu* ; mais jamais, par ces moyens seuls, vous n'en ferez un chou pommé (1). Il a fallu certainement autre chose. Quelle

---

(1) J'en ai en ce moment l'exemple sous les yeux. Depuis deux ans, j'essaie le *Brassica sylvestris*, dont j'ai dû les graines à l'obligeance de M. Loudon et du révérend Thomas Bree ; les individus les plus vigoureux sont ceux qui s'éloignent le plus de la disposition à pommer.

autre chose, ou plutôt quelles autres choses? C'est là le problème sur lequel j'appelle l'attention, non pas pour le chou seulement, mais pour maintes autres plantes.

Souvent occupé de cette question, j'ai cherché à m'éclairer sur elle par des expériences, j'en ai suivi sur diverses plantes dans la vue de les améliorer; sur la laitue vivace (*Lactuca perennis*), sur le *Tétragonia*, le *Solanum stoloniferum*, le *Brassica orientalis*; plusieurs années d'épreuves ne m'ont jusqu'ici fait obtenir, de ces espèces, aucune modification sensible. Mais la carotte sauvage, que j'avais comprise dans les mêmes essais, s'est améliorée, au contraire, de la manière la plus prononcée ; dans l'espace de trois générations, j'en ai obtenu des racines aussi charnues et aussi grosses que celles des carottes de jardins. J'ai l'honneur d'en adresser à la Société horticulturale quelques échantillons, et j'y joins, comme point de comparaison et pour faire juger de la distance parcourue, quelques racines sauvages provenant des champs mêmes où ont été prises les graines de mes premiers essais.

Voici l'historique de cette expérience :

En mars 1832, je fis à Verrières, près Paris, dans une terre douce et profonde, un premier semis de carotte sauvage. Tout monta ; je n'obtins aucune racine meilleure que celles des champs.

En 1833, le 26 avril, j'essayai ici, aux Barres (Loiret) où la terre est plus forte, un nouveau semis. Il leva fort clair, les plantes devinrent très fortes, mais toutes montèrent encore. Les racines étaient plus grosses que celles des champs; mais, je dirais, plus mauvaises par leur consistance et leurs fortes ramifications. Deux autres semis faits à Verrières, les 15 mai et 22 juin suivants, montèrent aussi en très grande partie, mais non pas totalement. Ils avaient levé clair, comme le précédent, mais surtout très inégalement et *successivement ;* il germa des graines pendant tout l'été. Parmi ces plantes tardives, plusieurs ne montèrent pas, et cinq à six donnèrent des racines passablement charnues, d'environ un demi-pouce de diamètre et ressemblant à de fort médiocres carottes de jardins.

Ces racines, replantées le printemps suivant, produisirent des graines qui furent ressemées en 1835. Une partie considérable de ces semis monta encore, mais la proportion en fut beaucoup moindre que précédemment. La plante avait déjà subi un changement notable; lors de l'arrachage, ce lot présenta un cinquième environ d'assez bonnes carottes, petites et moyennes, peu chevelues, quelques-unes même tout à fait nettes et bonnes. Cette seconde génération offrit un bon choix de porte-graines qui furent replantés et grainèrent en 1836.

En 1837, j'obtins de ces graines une troisième génération de racines très sensiblement améliorées; un bon nombre étaient fort grosses et charnues, quelques-unes dépassèrent le poids d'un kilogramme. Les plus volumineuses étaient, en général, grossières et défectueuses de forme; mais il s'en trouva d'autres parfaitement bonnes à tous égards et qui égalaient les meilleures carottes de jardin. Le rebut, dans ces semis, fut d'environ 1/3 de racines fourchues, ramifiées, etc. ; mais la plupart de celles-là étaient charnues et mangeables. Peu de plantes avaient monté, un dixième au plus. En 1838, je fis avec la même graine un semis assez considérable dans les champs, qui m'a donné également de très bons produits en majorité.

En 1839, j'ai élevé la quatrième génération. Les racines ont été, en général, moins grosses que celles de 1837, parce qu'elles ont eu beaucoup à souffrir de la sécheresse; mais la qualité de l'ensemble a été meilleure, la proportion des mauvaises beaucoup moindre, celle des plantes montées presque nulle.

Pour rendre plus sensible la marche progressive des

principales modifications, j'en présenterai ici le résumé sous une autre forme, en y ajoutant quelques détails essentiels que j'ai omis à dessein, dans ce qui précède, pour éviter de trop nombreuses redites.

FORME ET VOLUME.

1re *Génération.* — 1833 ; cinq ou six racines (sur un grand nombre) fort médiocres, mal faites, à peine moyennes, mais passablement charnues.

2e *Génération.* — Un cinquième environ de carottes moyennes et petites, passablement bonnes, quelques-unes même tout à fait bonnes. Elles étaient, en général, extrêmement allongées, dégrossissant trop vite et filées en longue queue de rat.

3e *Génération.* — La forme générale a été beaucoup moins allongée et les racines ont gagné considérablement en grosseur. Je parle de la masse, car il s'en est trouvé et il s'en trouve encore de très filées. Quelques-unes étaient demi-longues, de la forme à peu près de la carotte de Breteuil ; la meilleure, replantée et ressemée séparément, a reproduit assez généralement cette forme. Dans cette génération, la proportion des bonnes a été des deux tiers environ.

4e *Génération.* — Quoique la masse ait été, comme je l'ai dit, moins grosse qu'à la génération précédente, il y a eu cependant encore amélioration dans la forme et les proportions de la racine : la partie inférieure est plus nourrie ; au total, c'était un meilleur échantillon. Le rebut sur cette récolte n'a été que du dixième à peu près.

COULEUR.

La couleur blanche et la jaune, ordinairement peu foncée, se sont montrées simultanément dès la petite récolte de 1833, et constamment, depuis, dans toutes les autres, la première est toujours dans une proportion plus forte. Les jaunes, replantées à part, donnent des blanches quelquefois en grand nombre, et réciproquement, il se trouve presque toujours quelques jaunes dans les semis de blanches (Cette variation se remarque aussi dans quelques-unes des espèces anciennes, notamment dans la Breteuil). Le jaune franc ou foncé a commencé à se prononcer dans la récolte de 1837 ; mais il s'est très faiblement reproduit. Cette nuance est difficile à fixer ; elle passe au citron, au blanc, quelquefois au rouge (orange) pâle.

Deux racines d'un violet terne ou lie-de-vin se sont trouvées dans le semis de 1835 ; elles se sont gâtées pendant l'hiver et je n'ai pu en tirer race ; il en a reparu 2 ou 3 autres en 1837, mais si mauvaises que nous les avons délaissées. Plusieurs avaient seulement le collet teint de la même couleur ; parmi elles, une se trouva si fine et si franche que je l'ai replantée à part. Elle a redonné cette année un fort petit nombre d'individus du même caractère ; mais ses produits, qui ont varié du blanc au citron, ont été, en général, excellents.

La couleur rouge s'est montrée pour la première fois, à la troisième génération en 1837, et dans une très faible proportion, peut-être une sur 3 ou 400. Elle s'est, au contraire de la jaune, fixée de suite ; les graines de ces premières racines ont reproduit cette année presque toutes carottes rouges plus ou moins foncées. Elles sont, en général, à surface grossière et rude. Une d'elles, que j'ai coupée, avait seulement la couche extérieure ou corticale rouge, la masse centrale était d'un jaune pâle (1).

---

(1) La carotte violette présente le même effet d'une manière encore plus remarquable ; sous la couche corticale, qui est d'un violet foncé, on trouve quelquefois l'intérieur d'un beau jaune.

DISPOSITION A MONTER.

On a vu qu'au début, les semis de mars et d'avril ont monté complétement et même ceux de mai et de juin en presque totalité (1). Cette disposition s'est affaiblie à chaque génération d'une manière très sensible et dans un rapport à peu près exact avec le grossissement de la racine. Aujourd'hui la carotte sauvage est arrivée, sous ce rapport, au même point que les anciennes variétés ; elle ne monte plus, ou du moins pas plus que celles-ci. Elle est devenue ainsi franchement bisannuelle d'annuelle qu'elle était au point de départ.

Au point où elle est arrivée aujourd'hui, la carotte sauvage améliorée se confond presque avec celle des jardins; cependant il lui reste encore quelques caractères qui peut-être s'effaceront dans la suite, mais que par cette raison même, il doit être à propos de noter : Ainsi elle n'est pas encore complétement affranchie, on y trouve un certain nombre de racines fourchues, fibreuses, et, parmi les bonnes et charnues, plusieurs sont d'un aspect grossier et comme *chagrinées* à la surface. Le port et l'aspect de la plante ont aussi quelque chose de particulier ; lorsque les individus sont fort espacés et peuvent s'étendre librement, les pétioles et les feuilles se couchent et s'étalent presque horizontalement sur le sol ; le feuillage est d'un vert plus dur et plus foncé que dans la plupart des variétés anciennes. Dans les premières années, la racine s'enfonçait beaucoup

(1) Lors de ces premiers essais, je voulus reconnaître si le retranchement des tiges aurait quelqu'influence favorable sur la racine : en conséquence, un certain nombre de plantes furent soumises à un pincement rigoureux et successif à mesure qu'elles voulurent monter ; le retranchement se faisait un peu au-dessus du collet, avec le soin de conserver intactes les feuilles radicales. Ces plantes ne purent ainsi développer ni tiges ni rameaux florifères; mais les racines ne gagnèrent rien à cette suppression ; elles n'étaient pas moins dures que celles des individus qui avaient monté librement et nous ont même paru, en général, plus ramifiées.

dans le sol, il fallait fouiller à un et quelquefois deux pouces pour découvrir le collet; cette disposition se remarque encore, mais elle me paraît diminuer à mesure que la racine grossit et perd de sa longueur. La chair est plus serrée, un peu plus ferme et plus consistante que celle des carottes de jardin; elle paraît contenir moins d'eau de végétation; elle cuit toutefois aussi facilement, est très douce et d'excellente qualité.

Des longs détails dans lesquels je viens d'entrer sur cette espèce de création, on ne doit point conclure que je la regarde comme une conquête réelle; nous possédions déjà la carotte tout améliorée et sous des formes et des nuances nombreuses; l'analogie est trop grande pour que l'on voie donc ici une véritable nouveauté. Il n'est pas impossible toutefois, que l'on tire de cette souche, pour ainsi dire rajeunie, quelque chose de directement utile ; par exemple, une race très robuste, très grosse, particulièrement appropriée à la culture des champs. C'est ce à quoi je m'applique à présent, peut-être y arriverai-je. Comme plante jardinière même, il est possible que la carotte sauvage fournisse quelque variété intéressante et bonne.

Au reste, ce n'est pas sous le point de vue de ces avantages accessoires, en supposant qu'ils se réalisent, que l'on doit considérer cette expérience; mais bien sous celui de la question générale des modifications et de l'amélioration des plantes sauvages. L'étude de cette question intéressante a été, en effet, le seul but que je me sois proposé dans les recherches dont je viens de présenter l'exposé.

NOTE

SUR UN PROJET D'EXPÉRIENCE AYANT POUR BUT D'AUGMENTER

LA

RICHESSE SACCHARINE DE LA BETTERAVE[1]

PAR M. Louis VILMORIN

Société Impériale et centrale d'Agriculture, séance du 19 juin 1850.

J'ai déjà eu, il y a quelque temps, l'occasion d'entretenir incidemment la Société de la possibilité que j'ai conçue, d'augmenter la richesse saccharine de la Betterave. Je voudrais aujourd'hui faire appel à ceux de mes confrères auxquels les questions de chimie et de physiologie sont plus particulièrement familières, pour m'aider dans la suite de ces recherches.

On sait que, dans les nombreuses variétés qu'ont fournies et que fournissent encore les plantes potagères, la plupart des variations qui se sont présentées ont pu être fixées par la persévérance et le soin qu'on a mis à choisir pour reproducteurs les individus possédant au plus haut degré possible le caractère constituant cette variation. Ainsi, chaque fois que dans un semis de radis, de carotte ou de telle autre plante, un individu s'est montré très différent des autres par sa forme beaucoup plus courte, par exemple, si on recueille séparément ses graines et qu'après les avoir

(1) Bulletin des séances de la Société impériale et centrale d'agriculture, 2ᵉ série, t. VI, p. 169.

semées on choisisse constamment, parmi les individus qui
en sortent, celui qui présente la racine la plus courte pour
porter graine et servir de souche à la nouvelle race, on
arrivera, après un certain nombre de générations, à donner
à cette sous-race une *fixité* aussi grande que celle de la
variété d'où elle est sortie. On peut donc dire que, à peu
d'exceptions près (dans les plantes anciennement cultivées
et, par conséquent, déviées de leur type), *chaque variation
appréciable à nos sens* peut être amenée à l'état de race
constante, se reproduisant par graine, au moyen *d'une
série plus ou moins longue de semis méthodiquement suivis.*

Je me suis donc demandé si le même ordre d'idées n'é-
tait pas applicable aux variations *que nos sens ne nous révèlent pas* directement, et si, par exemple, en prenant pour
reproducteurs, dans un lot considérable de Betteraves, la
racine la plus sucrée de toutes, en choisissant de même
pour porte-graine dans sa descendance les individus les
plus riches en sucre, je ne pourrais pas arriver à élever
d'une quantités très notable la richesse saccharine de la
Betterave à sucre.

Je me crois d'autant plus fondé à avoir cette opinion,
que, dans quelques essais que je fis, il y a trois ans,
avec M. Clerget, sur des Betteraves de la même origine, et
qui avaient crû dans le même terrain, il a trouvé des différences excessivement prononcées (presque de simple à
double) entre les divers individus. Il s'agirait donc de
trouver un moyen facile, et *surtout rapide*, de juger entre
un grand nombre de racines données quelle est celle que
l'on doit choisir comme présentant le titre le plus élevé.
Il faut, en outre, que cette appréciation puisse être faite
sur une portion assez petite de la chair de cette racine,
pour que la blessure qui résultera de l'ablation du morceau
ne soit pas assez grave pour empêcher la plante de pousser
et de donner des graines.

Au moyen d'un emporte-pièce cylindrique de 12 à 15 millimètres de diamètre, enfoncé obliquement et de part en part au travers de la racine, on peut arriver d'une manière assez simple à enlever, sans trop d'inconvénients, un morceau de chair de 10 à 12 grammes, représentant assez exactement sa composition générale.

L'analyse chimique, qui serait parfaitement exacte et, certes, le meilleur moyen d'apprécier sans erreur le point qui nous importe, présenterait, par sa lenteur, un grave inconvénient ; car c'est surtout dans le grand nombre d'essais qu'on peut faire que résident les chances que l'on a de trouver un individu présentant un maximum exceptionnel. Il faudrait donc recourir à des procédés qui, quoique moins exacts, donneraient une approximation suffisante pour guider dans le choix à faire, et qui surtout permettraient d'opérer très vite et, par conséquent, sur un très grand nombre. Il est bien entendu que l'analyse chimique nous servirait, elle, à contrôler l'exactitude de ces procédés.

Je me suis demandé si la proportion relative de la matière sèche, ou si la densité de la pulpe fraîche non râpée, ou enfin, si la comparaison entre la densité et la perte par dessèchement, pouvaient fournir des données bien exactes sur le rendement probable en sucre. Ces questions présentent quelques difficultés, et c'est pour leur solution surtout que l'aide des chimistes de la Société peut m'être très précieuse.

J'ai aussi cherché à me rendre compte si la présence du tissu cellulaire allongé, que M. Payen nomme *tissu saccharifère*, pouvait former un caractère appréciable à l'œil, ce tissu ayant un aspect nacré parfaitement reconnaissable ; car, si la quantité de sucre était proportionnelle à l'abondance de ce tissu, les yeux pourraient acquérir assez vite l'habitude de juger à la simple inspection.

2

M. Robinet avait proposé, comme marche à suivre dans cette expérience, d'établir des groupes d'un certain nombre de racines, fondés sur des caractères communs, tels que la nuance des pétioles, de l'épiderme, etc. ; puis , après avoir analysé une moitié de ces groupes, on se serait servi pour reproducteurs, des racines appartenant aux groupes ayant donné la moyenne la plus élevée. Je crois que ce procédé aurait l'inconvénient de diminuer beaucoup les chances d'arriver au but proposé, car il me paraît difficile d'admettre que les caractères extérieurs qui ont servi à former le groupe puissent être considérés comme se liant nécessairement avec la plus grande abondance du sucre ; en tous cas , des moyennes auraient l'inconvénient de rendre moins saillante la qualité que nous cherchons. Tout ce que j'ai pu observer jusqu'à présent sur la question de la transmission, par hérédité, des caractères dans les végétaux, me fait penser, au contraire, qu'il est nécessaire d'individualiser le plus possible les observations. Ainsi j'ai pris l'habitude, quand j'avais à façonner une race tant soit peu rebelle, de récolter et de semer à part la graine de chacun des individus que je marquais comme choix, au lieu de faire, comme ordinairement, un choix composé d'autant d'individus qu'il m'en fallait pour récolter la quantité de graine dont j'avais besoin ; et j'ai toujours remarqué que parmi ces individus, il y en avait quelques-uns qui donnaient un meilleur rendement que les autres, et que je finissais par adopter comme type unique d'amélioration.

J'ai dit, en commençant, que les sous-races obtenues par le choix attentif des individus reproducteurs acquéraient une fixité égale à celle de la variété dont elles étaient sorties ; mais il est bien important de se rendre compte que cette fixité est loin d'être absolue, et ne ressemble en rien à celle que présente une espèce naturelle qui n'a point encore été déviée par les soins de l'homme : aussi , pour toutes les races potagères, même les plus anciennes, la connaissance absolue du type de la variété est-elle tellement nécessaire, quand il s'agit de faire, le choix des individus reproducteurs, que, selon que ce choix est fait un peu dans un sens ou un peu dans un autre, d'après l'appréciation que des personnes différentes peuvent faire des caractères de ce type (1), la race se trouve, en peu d'années, modifiée dans le sens où le choix a été fait; et si les personnes qui font le choix prennent pour base, non pas les qualités inhérentes à la race, mais celles qu'elles jugent y être plus particulièrement désirables, elle arrivera à parcourir, par degrés insensibles, une échelle de variations qui serait encore plus appréciable qu'elle ne l'est, si l'on avait plus souvent les moyens d'établir une comparaison entre les différentes phases qu'elle a parcourues. C'est ainsi que le *Chou de Milan des Vertus*, une des races les plus importantes et les plus précieuses qui se cultivent pour le marché de Paris, se présentait, il y a une trentaine d'années, comme une variété tardive, susceptible d'un grand développement, d'une culture facile, et douée d'une saveur qui la faisait particulièrement rechercher. Les maraîchers, qui avaient tous intérêt à la faire paraître sur le marché le plus tôt possible, ont été naturellement amenés à choisir de préférence, comme reproducteurs, les individus qui, tout en conservant les autres qualités qui constituent le mérite de cette variété, se faisaient remarquer par une précocité un peu plus grande. Il en est résulté qu'à force de choisir dans

(1) Nous avons été amené, par ces considérations et par la difficulté de mettre d'accord le type idéal que plusieurs personnes peuvent se former d'une même race, à faire faire, *ne varietur*, des dessins très soignés de quelques séries particulièrement difficiles parmi les légumes. Ces dessins, qui composent le commencement d'une collection que nous avons l'intention d'étendre à la plupart des types cultivés, formeront, plus tard, un élément intéressant de l'étude qui nous occupe.

ce sens, la race qui nous occupe a gagné, depuis l'époque
où mon père a commencé à l'étudier, environ un mois et
demi d'avance sur l'époque ordinaire de son apparition il y
a trente ans (l'époque du semis et de la plantation étant
restée la même), et cela sans rien perdre ni de son volume
ni de ses autres qualités. Cette observation n'est pas particulière à cette race seulement, mais à toutes celles qui,
comme elle, sont l'objet des soins incessants des cultivateurs ; et cette observation montre combien, en dehors des
différences causées par les circonstances extérieures,
peuvent être grandes celles qui résultent de la direction
dans laquelle sont choisis les types reproducteurs.

QUALITÉ SUCRÉE DES BETTERAVES [1]

Note lue à la Société Impériale et centrale d'Agriculture, le 14 mai 1851.

Dans une séance de l'été dernier, j'ai entretenu la Société d'un projet d'expérience ayant pour but d'augmenter la richesse saccharine de la Betterave, en choisissant pour reproducteurs les individus (racines) qui sont les plus riches en sucre.

J'ai travaillé, une partie de cet hiver, à donner suite à cet essai, et après plusieurs tâtonnements, je m'étais tenu à un procédé qui consistait à prendre, au moyen des flacons à déversement de M. Peligot, la densité d'un liquide résultant de la macération d'un poids donné de la chair de la Betterave à essayer, dans un volume connu d'eau distillée.

*Ce procédé, fondé sur les indications qu'avait bien voulu me donner M. Tiburce-Crespel, était exact et passablement rapide, puisqu'il ne demandait guère que sept à huit minutes par opération ; toutefois il présentait l'inconvénient de demander des soins extrêmes pour se mettre en garde contre les erreurs qui provenaient des différences de température que présentaient, tant les liquides de macération que ceux soumis à la pesée pour en prendre la densité. Le

(1) Bulletin des Séances de la Société impériale et centrale d'Agriculture, 2ᵉ série, T. VI, p. 628.

soin que demandaient ces corrections délicates, et de plus
la nécessité d'avoir, pour opérer, des balances extrêmement
sensibles, étaient les principales difficultés qu'eût présentées l'adoption de ce procédé.

A la dernière séance de la Société, M. Boussingault me
fit connaître un moyen employé en Allemagne pour connaître la densité, et, par suite, la richesse des Pommes de
terre que l'on achète dans les féculeries; ce moyen consiste
à les verser sur un liquide formé d'eau, dont la densité a
été augmentée, dans une proportion connue, au moyen du
sel marin. Tous les tubercules qui flottent sont rejetés
comme ne possédant pas la pesanteur voulue.

Il y avait là, comme on le voit, une idée très facilement
applicable à l'expérience que j'avais en vue; aussi ai-je pu,
dès le soir même, continuer avec une rapidité bien plus
grande, les essais qui m'occupaient. Voici la manière de
procéder que j'ai adoptée :

Je dispose, dans une série de vases semblables, des
liquides contenant 7, 8, 9, 10, ... 15 pour 100 de sucre;
puis je pose sur ces liquides un fragment de la chair des
betteraves à essayer, en notant pour chacune le vase où elle
cesse de flotter à la surface du liquide. Pour ne pas altérer
la composition des liquides en portant les fragments d'un
vase dans l'autre, j'ai soin d'opérer alternativement en
montant et en descendant l'échelle des densités. Ce procédé est parfaitement suffisant, quand il s'agit seulement
de choisir dans un grand nombre de racines celles qui présentent des densités exceptionnellement fortes. S'il s'agit
d'opérer sur une seule racine et de connaître plus exactement sa contenance présumée en sucre, le moyen consiste
à verser, dans une éprouvette graduée, un liquide sucré,
évidemment plus dense que le morceau à essayer (je me
sers d'eau sucrée à 1/5), sur lequel on met flotter ce morceau; puis on y ajoute successivement, en ayant soin d'agiter

chaque fois, pour bien mêler les liquides, de l'eau pure, jusqu'à ce que le morceau en expérience prenne un mouvement descendant que les graduations de l'éprouvette permettent de juger très aisément. Il ne reste plus qu'à lire sur ces mêmes graduations la quantité d'eau que l'on a ajoutée, pour en conclure la teneur en sucre du liquide.

Si l'on réfléchit maintenant que la densité du morceau de Betterave mis en expérience est due presque absolument à la quantité de sucre qu'il renferme, on verra que, moyennant deux corrections que je vais indiquer, cette richesse en sucre du liquide qui a servi à l'observation exprime celle du morceau observé. La première correction tient à la présence de la cellulose, dont la densité est un peu plus grande que celle de l'eau; mais, comme l'a très bien fait voir notre confrère M. Payen, la cellulose est une quantité à peu près fixe, de sorte que cette correction se bornera bien probablement à une quantité constante (dont nous n'avons pas encore bien déterminé le chiffre), et qu'il s'agira de déduire du premier chiffre observé. La seconde correction, fondée sur la présence des sels ou autres matières solubles plus denses que l'eau et autres que le sucre, pourra être déterminée par une incinération, pour le cas où il pourra y avoir intérêt à la connaître. Toutefois nous nous sommes assurés que ces quantités étaient assez faibles, et l'on sait d'ailleurs que, dans les Betteraves, les sels sont presque toujours en raison inverse de la richesse en sucre, si bien que les plus riches sont celles qui contiennent le moins de sel, non seulement en proportion de leur rendement en sucre, mais même de leur poids brut.

La rapidité de ce nouveau mode d'essai m'a permis de passer une seconde fois en revue les racines que j'avais essayées une première fois par le procédé de macération, et la concordance presque parfaite des résultats a fourni un contrôle intéressant de leur exactitude.

J'ai trouvé, entre les individus appartenant à la même race, des différences énormes ; ainsi, dans un petit lot de Betteraves très perfectionnées que m'avait envoyé M. Crespel, j'ai trouvé une racine qui accusait plus de 14 pour 100 de sucre, plusieurs dont le chiffre a dépassé 13 pour 100, tandis que quelques autres ont été inférieures à 7 pour 100. Ces différences me donnent grand espoir pour la réussite de l'expérience dont j'ai entretenu la Société, et me font attacher plus de prix encore aux conseils de ceux de nos confrères qui ont bien voulu m'aider dans ces recherches intéressantes.

BETTERAVE A SUCRE

CONSIDÉRATIONS SUR L'HÉRÉDITÉ DANS LES VÉGÉTAUX (1).

Lue à l'Académie des Sciences, séance du 3 novembre 1856.

Le but que je me suis proposé était d'abord tout pratique : il s'agissait de créer une race de Betteraves plus sucrées que celles que l'on cultive ordinairement, en choisissant pour porte-graines les racines les plus sucrées. La méthode usitée dans les fabriques de Magdebourg pour connaître le poids spécifique des racines au moyen de liquides salés de densités connues, a été mon point de départ. Bientôt je me suis aperçu que la présence presque constante d'une cavité au centre de la racine rendait l'expérience inexacte. Ayant reconnu à la même époque, que l'enlèvement d'une pièce cylindrique pouvait, moyennant quelques précautions faciles à observer, ne pas nuire à la conservation de la racine, j'ai adopté le sondage des racines au moyen d'un tube coupant, et la pièce ainsi enlevée a été *pesée* au moyen d'une série de vases contenant des liquides sucrés de densités connues, sur lesquels on la portait successivement, en

(1) Comptes-rendus des séances de l'Académie des Sciences, 1856, 2ᵉ semestre, page 871.

notant celui où elle cessait de flotter. Malgré des précautions gênantes, les liquides sucrés s'altéraient très promptement ; leur titre se modifiait par le passage continuel des morceaux mouillés d'un vase dans l'autre, malgré la marche alternativement montante et descendante que j'avais adoptée, et, en outre, il s'y manifestait en quelques heures une fermentation visqueuse. J'ai voulu obvier à cet inconvénient en me servant de liquides salés et de vases de capacité beaucoup plus grande que ceux que j'avais employés d'abord ; mais alors des effets d'endosmose considérables sont venus fausser complétement les résultats.

Ces méthodes qui avaient été celles des deux premières années de l'expérience, ont donc dû être abandonnées et remplacées, en 1852, par celle fondée sur l'appréciation de la densité du jus lui-même, obtenue par déplacement, en y pesant un petit lingot d'argent d'un volume connu. Le morceau enlevé à l'emporte-pièce, étant râpé, fournit facilement les 7 à 8 centimètres cubes de liquide nécessaires pour une pesée du lingot. Cette pesée étant faite sur un trébuchet très sensible, donne avec certitude le demi-milligramme, et, par conséquent, la quatrième décimale, approximation dont l'exactitude dépasse les besoins de l'expérience et qu'aucune autre méthode ne pourrait donner, en opérant sur une aussi petite quantité de liquide. Il est inutile d'ajouter que la température, prise au moyen d'un thermomètre au dixième de degré (pour plus de rapidité), est portée sur le registre à la suite de chaque pesée du lingot, et que le jaugeage des vases, la finesse du fil de suspension et l'identité absolue de toutes les conditions de l'opération, éliminent encore les erreurs que, dans le début, avait pu produire une certaine irrégularité dans la manière d'opérer.

Ayant donc maintenant un moyen à la fois très rapide et très correct d'apprécier la densité du jus des racines sur lesquelles j'opère, j'ai pu aborder avec assurance l'étude de la question fondamentale de cette expérience : celle de la transmission héréditaire de la *qualité sucrée*. J'emploie à dessein ce dernier mot, car de nombreuses vérifications m'ont prouvé que dès que l'on arrive dans les densités moyennes, et à plus forte raison dans les densités élevées, la proportion relative des matières denses solubles, étrangères au sucre, qui peuvent se trouver dans le jus, suit une marche décroissante, si bien qu'en soumettant les densités trouvées à une correction uniforme et égale à celle que fournit la moyenne des observations, on est toujours sûr que la richesse réelle est supérieure à la richesse calculée.

Or cette transmission s'est opérée à un degré qui a dépassé mon attente : ainsi, dès la deuxième génération, j'ai vu la moyenne de quelques-uns des lots, descendant de plantes riches, s'élever au niveau des *maxima* de la première année. En continuant cette marche, j'ai vu naître à la troisième génération, des plantes dont le jus marquait la la densité 1,087, ce qui répondrait (sans correction) à 21 pour 100 de sucre ; et d'autres lots dont la moyenne a fourni 1,075, qui répondrait, de même, à 16 pour 100, tandis que dans le même terrain, dans les mêmes conditions de culture, des plantes non soumises à cette méthode d'amélioration ne présentaient pour maximum que 1,066, et comme moyenne 1,042. Le fait de la transmission héréditaire de la qualité sucrée est donc positivement acquis maintenant, et la possibilité de créer et de fixer une race riche ne fait plus de doute.

Mais il s'est présenté, relativement à cette faculté de transmission, des exceptions remarquables et qui jettent un grand jour sur la question générale de la transmission des caractères dans les végétaux. Ainsi dans la première année de l'expérience, et lorsque j'ignorais par conséquent complétement les qualités qu'avaient pu posséder les ancêtres (1) des plantes sur lesquelles j'opérais, il m'est arrivé de conserver pour la reproduction des racines d'égale richesse et de voir que la descendance de ces racines donnait :

Tantôt un lot à moyenne très élevée et sans écarts prononcés ;

Tantôt, avec une moyenne plus basse, des écarts considérables produisant ainsi des *maxima* exceptionnels ;

Tantôt, enfin, des lots décidément mauvais et dont la descendance devait être complétement abandonnée ;

C'est surtout dans la première catégorie, celle des plantes à faibles écarts et à moyenne élevée, que je me suis attaché à choisir mes étalons reproducteurs ; et je vois, par la suite des semis faits dans cette direction, que la moyenne s'élève successivement, en même temps que les *maxima* continuent à monter, bien que d'un mouvement plus lent qu'au début. J'ai donc l'espoir d'arriver, dans quelques années, à la création d'une race à composition constante, c'est-à-dire dans laquelle toutes les racines de *même poids* contiendront la même proportion de sucre.

Si j'obtiens une fois ce résultat, il deviendra possible de reconnaître avec certitude et d'étudier avec fruit l'influence des agents extérieurs sur la production du sucre, point qui n'est pas moins important à déterminer que celui auquel je me suis appliqué d'abord, mais vers la recherche duquel

(1) La puissance de transmission des caractères étant le point essentiel à déterminer, on conçoit combien il était nécessaire de récolter séparément les graines de chaque plante ; cela m'a amené à posséder un état civil et une généalogie parfaitement correcte de toutes mes plantes depuis le commencement de l'expérience. Cette méthode un peu minutieuse, mais qui ne présente aucune difficulté, quand une fois on a adopté un mode bien régulier, est la seule qui permette de voir clair dans les faits qui se rapportent à l'hérédité. Les végétaux dans lesquels les deux sexes sont réunis dans le même individu sont, du reste, admirablement propres à l'étude des questions de cette nature.

mes premiers essais ont été infructueux, par l'impossibilité où je me suis trouvé de dégager les variations dues à ces influences de celles produites par la simple loi des variations individuelles. Ces variations, indépendantes de toute influence extérieure appréciable, se présentent toujours dans les plantes cultivées ; mais leurs limites peuvent être resserrées et définies dans les races parfaitement fixées. Ainsi l'influence du volume, très positive et régulière, ressort bien nettement des tableaux comprenant plus de 2,000 sondages que j'aurai bien prochainement l'honneur de soumettre à l'Académie ; celle due à la destruction du sucre par la conservation en silo s'y voit aussi très clairement. Enfin l'influence de l'hérédité s'y lit de la manière la plus manifeste, donnant ainsi une confirmation remarquable à des prévisions que toutes les théories justifiaient.

Je puis donc considérer comme dès à présent obtenu le premier des résultats que j'ai cherchés, et comme devant être atteints avec certitude, les résultats secondaires, consistant dans l'appréciation numérique des influences extérieures. Pour ces derniers, il faudra encore continuer pendant de longues années ces expériences, mais l'importance des résultats à obtenir sera une compensation des soins minutieux qu'elles entraînent.

NOTE

SUR UN PROJET D'EXPÉRIENCE AYANT POUR BUT DE CRÉER UNE VARIÉTÉ

D'AJONC SANS ÉPINES

SE REPRODUISANT DE GRAINES (1)

——

Lue à la Société industrielle d'Angers, séance du 7 juillet 1851.

——

L'étude des modifications que l'industrie humaine peut faire subir aux plantes est certainement un des sujets les plus dignes de fixer l'attention des personnes qui se sont occupées des applications de la science à l'art agricole et horticole.

La plupart des plantes que nous cultivons sont plus ou moins déviées de leur type primitif, et pour quelques-unes d'entre elles, la déviation est telle que le type ne peut être reconnu. Cependant, au moins en ce qui touche les plantes agricoles et potagères, aucune de ces modifications si importantes ne s'est opérée sous nos yeux, nous les avons reçues des générations qui nous ont précédés, à peu près dans l'état où nous les possédons, et nos soins se sont bornés à en fixer et à en épurer les diverses variétés.

Il y a une dizaine d'années, mon père a démontré par l'expérience directe que ces modifications, en apparence si profondes, pouvaient, dans certains cas, être obtenues dans un espace de temps très court, et la Carotte sauvage de nos champs crayeux, à racine filiforme, épaisse à peine de quelques millimètres, a acquis, par ses soins, en trois géné-

---

(1) Bulletin de la Société industrielle d'Angers, 1851, p. 253.

rations, c'est-à-dire dans l'espace de cinq années, le volume et les qualités de la Carotte de nos jardins.

Aujourd'hui je viens proposer à la Société industrielle de s'associer à la solution d'un problème pris dans le même ordre d'idées. Il s'agit de modifier une plante dont les qualités précieuses sont connues, et qui, dans son état actuel, rend déjà d'immenses services à l'agriculture, ou, pour parler plus exactement, il s'agit de fixer, d'une manière durable, une modification qui ne s'est présentée jusqu'à présent que comme une monstruosité passagère.

C'est M. Trochu, qui, le premier, je crois, a signalé l'existence d'une variété sans épines de l'AJONC COMMUN (*Ulex Europœus*). Voici ce qu'il m'écrivait le 6 janvier 1847 :

« J'ai quelque espérance de vous offrir cette année une nouvelle variété d'Ajonc qui, si elle se reproduit de graines présenterait, dans l'hiver, à nos bestiaux un fourrage plus précieux peut-être que ne l'est le Trèfle dans le printemps et l'été. J'ai trouvé cet Ajonc sur des berges de fossés semées chez moi en Ajonc ordinaire (*Ulex europœus*). La nouvelle plante, dont j'ai trouvé cinq ou six pieds parmi plusieurs milliers de l'espèce commune, a le même déve-loppement, mais les rameaux en sont moins ligneux, ils sont plus herbacés, plus succulents, et n'ont pas, ou presque pas, d'épines, et les animaux peuvent les manger sans aucune préparation. Ce serait enfin un riche et productif fourrage d'hiver. Vous savez combien notre agriculture est pauvre de cette espèce de nourriture dans cette saison. »

Cette année (1851), j'ai reçu de M. Trochu une nouvelle lettre relative à cette expérience. Les produits du semis n'avaient rendu que des plantes épineuses ; les boutures n'avaient produit que des sujets peu vigoureux.

Voici, du reste, les paroles mêmes de M. Trochu :

« Je vous ai entretenu dans le temps d'une découverte d'une variété d'Ajonc (*Ulex europœus*) qui n'avait pas

d'épines et dont les rameaux étaient complétement herbacés, succulents, et présentant enfin des conditions telles
que cette variété me paraissait devoir donner, dans l'hiver,
un fourrage aussi précieux que le Trèfle vert.

» Mais tous mes efforts pour obtenir sa reproduction de
graines ont échoué : la plante s'est constamment reproduite
comme l'est l'Ajonc ordinaire. J'ai cependant isolé les
porte-graines pour éviter l'hybridation, employé des
semences de 2ᵉ, 3ᵉ et 4ᵉ générations, mais sans nul succès.
Il est évident que c'était une monstruosité de quelques
plants qui leur était particulière, spéciale, et qui ne se
reproduit pas. J'ai été vivement contrarié de cette décep-
tion ; j'avais fondé de grandes espérances sur cette découverte, si les sujets avaient pu se reproduire par la graine.
J'en ai fait quelques boutures qui restent excessivement
basses et misérables ; je n'ai pu en obtenir des semis. »

Au point où en est actuellement la question, deux moyens
bien distincts se présentent pour résoudre le problème. Le
premier consiste à trouver un procédé simple, d'une réussite
assurée et économique, pour multiplier, par division, les
individus que l'on possède actuellement d'Ajonc inerme,
de manière à mettre dès à présent ces plantes et leurs produits au service de l'agriculture. Ce moyen bien qu'il n'at-
teigne qu'imparfaitement le but, à cause de l'infériorité
qu'auront toujours, comme pratique agricole, le bouturage
et le marcottage, comparés aux semis, présente cependant
l'avantage d'être un acheminement vers l'autre solution de
la question.

Celle-ci consisterait à obtenir, au moyen de semis réitérés,
une race d'Ajonc inerme se reproduisant de semence. Ce
résultat, si difficile et si éloigné qu'il puisse paraître d'abord,
non seulement n'est pas impossible à atteindre, mais j'ai la
conviction que la persévérance seule suffirait pour y arriver.

Ce que l'on connaît de la puissance de la nature dans la

loi des variations individuelles doit faire regarder comme très probable qu'il existe sur l'étendue de la Bretagne un nombre quelconque d'individus d'Ajonc sans épines au milieu d'un nombre immense d'individus épineux. Or, il suffirait que l'un de ces individus imprimât à sa descendance directe par graine un cachet un peu plus prononcé, et qu'une fraction quelconque de ses produits fût inerme comme lui, pour qu'il fût ensuite possible d'arriver assez promptement, par une sélection bien entendue, à affranchir complétement la nouvelle race. Mais si l'on réfléchit que les individus plus ou moins dépourvus d'épines que l'on a rencontrés jusqu'à présent étaient issus de parents épineux, on concevra que la chance d'obtenir de parents inermes des produits qui le soient pareillement est nécessairement un peu plus grande, et que cette chance augmentera à mesure que le nombre de générations successives s'accroîtra pour la plante modifiée.

Si nous considérons une graine, au moment où, mise en terre, elle va donner naissance à un nouvel individu, nous pouvons la regarder comme sollicitée, quant aux caractères que devra présenter la plante qui doit en naître, par deux forces (1) distinctes et opposées.

Ces deux forces, qui agissent en sens contraire, et de l'équilibre desquelles résulte la fixité de l'espèce, peuvent être considérées ainsi qu'il suit.

La première, ou force centripète, est le résultat de la loi *de ressemblance des enfants aux pères*, ou *atavisme* ; son action a pour résultat de maintenir dans les limites de variation assignées à l'espèce les écarts produits par la force opposée.

---

(1) Le mot *force* est employé ici seulement comme comparaison et pour rendre bien palpables les effets que nous avons à décrire. On conçoit bien que la cause, probablement fort complexe, qui les produit ne peut être assimilée à une *force* susceptible de direction et de mesure, telles que les géomètres la conçoivent.

Celle-ci, ou force centrifuge, résultant de la loi *des différences individuelles*, ou d'*Idiosyncrasie*, fait que chacun des individus composant une espèce, bien qu'on puisse la considérer comme formée de la descendance d'un individu (ou d'un couple) unique, présente des différences qui constituent sa physionomie propre et produisent cette *variété infinie dans l'unité* qui caractérise les œuvres du Créateur.

Nous venons d'abord, pour plus de simplicité, de considérer l'atavisme comme constituant une force unique ; mais si l'on y réfléchit, on verra qu'il présente plutôt un faisceau de forces agissant à peu près dans le même sens, et qui se compose de l'appel ou de l'attraction individuelle de tous les ancêtres. Or, pour faciliter l'intelligence de l'action de cette force, il nous faudra considérer d'abord et d'une manière abstraite la force de ressemblance à la masse des ancêtres, qui pourra être considérée comme l'attraction du type de l'espèce, et à laquelle nous réserverons le nom d'atavisme ; puis séparément, et d'une manière plus spéciale, l'attraction ou la force de ressemblance au père direct, ou *hérédité*, qui, moins puissante, mais plus prochaine, tendra à perpétuer dans l'enfant les caractères propres du parent immédiat.

Tant que le père ne s'est pas éloigné d'une manière sensible du type de l'espèce, ces deux forces agissent parallèlement et se confondent, et les variations qui peuvent survenir, dans ce cas, par l'effet de la loi d'idiosyncrasie, peuvent se présenter indifféremment dans toutes les directions sans en affecter plus particulièrement aucune.

Il n'en est plus de même quand le père direct s'est éloigné notablement du type ; la force de ressemblance au père direct se combinant alors avec celle de variations individuelles, il en résulte un excès de déviation dans le sens de la résultante de ces deux forces, ou, si on l'aime mieux, les variations nouvelles rayonnent alors, non plus autour du

type comme centre, mais autour d'un point placé sur la
ligne qui sépare le type de la première déviation obtenue.

Abandonnées à la nature, les variations individuelles
périssent presque toujours dans la masse surabondante
d'individus qu'elle sacrifie sans cesse. De là la fixité des
espèces naturelles. Mais, recueillies par l'homme, ces
variations sont protégées ; leur descendance se multiplie ;
obéissant alors aux lois plus complexes qui les régissent,
elles produisent ces modifications nombreuses qu'il a su
fixer pour son usage. C'est alors aussi que l'influence de
l'homme, en choisissant exclusivement, pour en multiplier
la descendance, les individus modifiés, vient contrebalancer
par des effets constants, la force constante aussi de l'atavisme, et arrive à *affranchir* ou fixer les races modifiées.

D'après les considérations qui précèdent, on voit qu'un
des points qu'on doit considérer comme des plus essentiels
consiste à lutter le plus efficacement possible contre la
force que je viens de désigner par le nom d'*atavisme*. Or,
cette force, moins directe en quelque sorte que celle de la
ressemblance au parent immédiat, agit peut-être avec plus
de persistance. Si une nouvelle comparaison empruntée
aux lois de la mécanique m'était ici permise, je dirais
qu'elle doit à son origine éloignée de ne décroître que
d'une manière presque insensible pendant le petit nombre
de générations sur lesquelles l'homme peut exercer son
influence, tandis que la décroissance de l'autre force (celle
de la ressemblance au père direct) marche en progression
géométrique. J'ai donc été amené à me faire, au sujet de
la marche à suivre dans le cas où l'on veut obtenir des
variétés d'une plante non encore modifiée, une théorie que
je ne présente toutefois ici qu'avec une extrême réserve.

Pour obtenir, d'une plante non encore modifiée, des variétés d'un ordre déterminé à l'avance, je m'attacherais
d'abord à la faire varier dans une direction quelconque, en
choisissant pour reproducteur, non pas celle des variétés ac-

cidentelles qui se rapprocherait le plus de la forme que je me suis proposé d'obtenir, mais simplement celle qui différerait le plus du type. A la seconde génération, le même soin me ferait choisir une déviation, la plus grande possible d'abord, la plus différente ensuite de celle que j'aurai choisie en premier lieu. En suivant cette marche pendant quelques générations, il doit en résulter nécessairement, dans les produits ainsi obtenus, une tendance extrême à varier ; il en résulte encore, et c'est là le point principal, selon moi, que la force de l'atavisme, s'exerçant au travers d'influences très divergentes, aura perdu une grande partie de sa puissance, ou, si j'ose encore employer cette comparaison, qu'au lieu d'agir sur une ligne droite et continue, elle le fera sur une ligne brisée.

C'est après avoir atteint ce résultat que j'appellerai, si l'on me permet ce mot, *affoler* la plante, que l'on devra commencer à rechercher les variations qui se rapprocheront de la forme que l'on s'est proposé d'obtenir, recherche qui sera facilitée par l'accroissement énorme de l'amplitude de variation que la marche précédente aura produite. On devra alors éviter, avec le même soin qu'on les a recherchés d'abord, les écarts qui pourraient se présenter, afin de donner à la race que nous nous appliquons à former une *constance d'habitude* qui sera d'autant plus facile à obtenir que l'atavisme, cette cause incessante de destruction des races de création humaine, aura été affaibli par les chaînons intermédiaires au travers desquels on l'aura forcé d'exercer son influence.

On voit donc qu'il y a pour nous, dans la recherche des variétés, deux phases bien distinctes, et pendant lesquelles la marche à suivre est directement opposée. Jusqu'à présent la première a été complétement abandonnée à ce que l'on appelait les jeux de la nature, et le soin des horticulteurs s'est borné à propager et à fixer les variations accidentelles. Peut-être paraîtra-t-il prématuré d'avancer ici que cette première phase peut, tout aussi bien que l'autre, être soumise à l'influence de l'homme (1). Cependant les faits qui m'ont conduit à cette opinion sont maintenant assez nombreux pour que j'aie l'espérance fondée de pouvoir, assez prochainement, montrer des exemples de l'application de cette méthode.

Après cette longue digression, nous reviendrons au projet d'expérience dont j'ai parlé d'abord, et qui, si on se le rappelle, avait pour but de fixer une race d'Ajonc sans épines.

M. André Leroy, à Angers, a bien voulu recevoir chez lui les éléments de l'expérience commencée, et dont je vais exposer en quelques mots le plan actuel, sauf les modifications qui pourraient être fournies par les lumières de ceux des membres de la Société qui voudront bien prendre intérêt à cette œuvre.

(1) Depuis quelque temps on a semblé marcher dans cette nouvelle voie, en recommandant l'emploi des fécondations artificielles pour imprimer à un type jusque-là invariable une première modification qui peut mener à un grand nombre d'autres ; mais cet emploi s'est appliqué plus généralement jusqu'ici à des variétés qu'à des espèces. Il me paraît nécessaire d'entrer ici dans quelques détails spéciaux pour faire bien comprendre comment je conçois le rôle que l'hybridité peut jouer dans la *création des variétés*.

Le nombre des plantes réellement hybrides ou résultant de la fécondation croisée des deux *espèces* distinctes, est excessivement restreint, et leur existence même est niée par quelques physiologistes, qui refusent à ces mulets la faculté de se reproduire par la semence. Toutefois, quelques séries de variétés, actuellement cultivées, me paraissent avoir une origine hybride évidente. On conçoit que l'hybridation, dans ce cas, n'a d'effet que dans le sens de l'*affolement*, et que les variétés auxquelles elle peut donner naissance ne constitueront des races constantes qu'après un certain nombre de générations.

Quant à l'usage des fécondations croisées *entre variétés*, elles rentrent dans le même mode d'action, en augmentant considérablement l'amplitude de variation dans des variétés déjà fort peu fixes par elles-mêmes. C'est à cet ordre de faits qu'appartient la quantité énorme des *hybrides* dont les fleuristes remplissent leurs catalogues. Multipliées par division, ces variétés sont pour eux la source d'opérations intéressantes, et leur excessive variabilité devint alors un avantage, puisque chaque semis de leurs graines produit sans cesse de nouvelles formes propres à satisfaire le besoin continuel de nouveautés de ce genre qu'éprouvent les amateurs.

Un appel fait au nom de la Société centrale d'Agriculture de Paris a été adressé à un grand nombre de propriétaires et de Sociétés des pays d'*Ajonc*, dans la vue de solliciter la recherche des individus dépourvus d'épines qui pourraient se montrer. Des boutures de chacun des pieds individuellement qui seraient trouvés, par suite de ces recherches, devraient être envoyées à M. André Leroy, qui se charge de les cultiver et de les multiplier séparément, afin de former, de chacune, un petit lot destiné à fournir des graines qui devront servir à continuer l'expérience. — En même temps, la position des pieds originaux serait remarquée d'une manière précise, afin de s'assurer si, de leur côté, ils produisent des graines (qui devraient être recueillies), et aussi si leurs caractères se conservent sans variation dans l'état de nature. On conçoit qu'en agissant ainsi, et en semant avec soin et séparément les graines provenant de chacune de ces souches descendant d'un pied unique, on a beaucoup plus de chances d'arriver à une seconde génération sans épines qu'en s'abandonnant au hasard, comme on l'a fait jusqu'à présent. Un soin qu'il faudrait recommander aux amateurs, lorsque nous serons à faire des distributions de graines récoltées chez M. André Leroy, sera de les employer de préférence pour des semis de haies en lignes, de manière à ce qu'il soit facile de passer une revue attentive et complète de leurs produits ; car les jeunes plantes inermes, sans défenses comme leurs voisines, seraient bientôt détruites par les bestiaux ou le gibier, si l'on ne prenait soin de les protéger aussitôt qu'elles auront pu être remarquées. Mais ce n'est pas ici le moment d'entrer dans ces détails ; j'aurai plus tard, et à mesure de ses progrès, l'occasion d'entretenir la Société industrielle des diverses circonstances de cette expérience pour laquelle je viens aujourd'hui solliciter sa coopération.

LES PANACHURES DES FLEURS [1]

Note lue à la Société Philomatique, séance du 17 janvier 1852.

Il existe dans les jardins un assez grand nombre de plantes présentant des variétés à fleurs panachées ; mais je ne pense pas que jusqu'ici on ait cherché à déterminer les circonstances dans lesquelles se présente ce genre de variation. Quelques observations que j'ai eu l'occasion de faire sur ce sujet m'ont amené à penser que la nature suivait, dans ce cas, une marche qui est toujours la même. Dans dix exemples de panachures nées sous mes yeux, cette marche a toujours été celle-ci : la plante à type coloré uniforme a donné d'abord une variété à fleur entièrement blanche, puis la panachure s'est présentée dans cette variété blanche, en retour vers le type coloré.

Ainsi sous l'influence de circonstances que nous ne pouvons encore bien apprécier, naît, sans transition, c'est-à-dire sans passer par l'intermédiaire d'une dégradation successive de la nuance, la variété complétement blanche. Cette variété donne ordinairement, dans les premiers ressemis, une plus ou moins forte proportion de plantes rentrant complétement dans le type coloré. — Dans les semis subséquents, moyennant le choix que l'on a soin de faire, chaque fois, d'individus reproducteurs appartenant à la nuance blanche pure, cette race acquiert un certain degré

[1] Procès-verbaux des séances de la Société Philomatique, 1852, p. 9.

de fixité, et enfin, dans la plupart des cas, nous arrivons après quelques générations, à la fixer complétement. — Jusqu'à présent les panachures ne se sont pas produites dans cette première période, où cependant un grand nombre de plantes, chaque fois, présente (mais alors d'une manière complète) la couleur de la plante-type. Ce n'est que dans les variétés blanches déjà à peu près complétement fixées que les panachures se sont montrées à nous.

Elles apparaissent d'abord sous la forme de lignes, très peu étendues en largeur ; les portions colorées ne présentant guère qu'un dixième, quelquefois qu'un vingtième, de la surface blanche totale ; mais déjà, à la génération suivante, les fleurs entièrement colorées deviennent abondantes ; dans les fleurs panachées elles-mêmes, les portions colorées commencent à prédominer. Il y a cependant presque toujours, dans ces premiers semis, un nombre plus ou moins grand de plantes entièrement blanches. De cette disposition manifeste à rentrer dans le type coloré résulte, pour la création et la fixation des variétés panachées, la nécessité de choisir pour porte-graines des individus dans lesquels le fond blanc domine beaucoup.

Je viens de dire que j'avais vu naître sous mes yeux dix exemples de fleurs panachées issues de la variété blanche ; je dois ajouter que depuis que l'éveil m'a été donné à ce sujet par le *Convolvulus tricolor panaché*, qui s'est montré chez nous pour la première fois, il y a une dizaine d'années, je n'ai pu observer aucun exemple de panachures sorties directement du type coloré. Le contraire a lieu pour les ponctuations, qui, jusqu'à présent, ne se sont offertes à nous qu'issues directement de la variété à fleur colorée. — Je dois ajouter aussi que la couleur jaune uni joue dans les panachures le même rôle que le blanc.

Parmi les variétés dont je viens d'entretenir la Société, sept sont déjà fixées assez complétement pour que l'on puisse dès à présent les reproduire, d'une manière assurée, par graines; ce sont, dans l'ordre où elles ont été obtenues : l'*Amaranthoïde panachée* (Gomphrena globosa), le *Muflier panaché à fond blanc* et celui à *fond jaune* (Antirrhinum majus); la *Belle de jour à fleur panachée* (Convolvulus tricolor); le *Nemophila insignis à fleur panachée;* le *Pourpier à grande fleur*, à fleur blanche, striée de rose, le *Delphinium Ajacis.* — Cette dernière variété n'est pas née directement du type coloré, mais s'est présentée dans une variété lilas très pâle, en retour vers une variété violet clair dont elle était primitivement sortie. Trois autres se sont montrées récemment et n'ont pas été de notre part l'objet d'essais ayant pour but de les fixer; ce sont : le *Clarkia pulchella,* le *Browallia erecta* et le *Commelina tuberosa.* Enfin une seule, le *Zinnia elegans*, a jusqu'à présent résisté aux tentatives que nous avons faites pour la fixer. Dans nos semis de Zinnia élégant à fleur blanche, il apparaît presque chaque année des fleurs présentant quelques pétales panachés en violet pourpre, nuance du type de cette espèce; mais lorsque nous avons ressemé les graines provenant de fleurs qui avaient offert cette variation, nous n'avons obtenu que des plantes unicolores, et, contrairement à ce qui a lieu presque toujours dans ce cas, appartenant pour la plupart à la variété blanche.

NOTE SUR L'HÉRÉDITÉ [1]

Il y a déjà quelques années, qu'au sujet d'une race d'*Ajonc sans épines* que nous nous efforçons de fixer, j'ai eu l'occasion d'entretenir la Société Industrielle des idées que j'ai été amené à me former sur la marche à suivre dans le cas où l'on cherche à modifier la forme ou les caractères naturels d'une plante, et par conséquent sur la question de savoir comment la volonté humaine peut agir, comme cause extérieure, sur les formes naturelles (indépendamment des autres forces perturbatrices qu'elle peut mettre en jeu), en rendant unilatérale l'action des variations individuelles qui, dans l'état de nature, se compensent par leur divergence.

Je viens aujourd'hui lui soumettre la suite de ces recherches, ou l'étude des moyens par lesquels ces modifications peuvent être amenées à acquérir un certain degré de fixité, en même temps que celle des indices par lesquels on peut être guidé dans le choix des individus reproducteurs, soit transitoires, soit définitifs.

---

[1] Cette note, écrite en août 1856, était adressée à la Société industrielle d'Angers. L'envoi en a été retardé, parce que je voulais y comprendre une analyse de mon travail sur l'*Amélioration de la Betterave.* J'ai exposé (p. iii), les raisons qui ont arrêté la publication de ce travail. Mais la note ci-dessus contenant, au sujet de l'hérédité, quelques points de vue qui ne se trouvent pas dans les autres, je l'ai introduite ici à la place qui correspond à la date où elle a été écrite, et sous sa forme primitive. La Société industrielle y trouvera la preuve que mon silence n'était pas de l'oubli.

L'hérédité est, sans aucun doute, le fait sur lequel est fondée la création de toutes les races ; mais, ainsi que je l'ai énoncé dans l'article auquel je viens de faire allusion (1), cette hérédité, considérée comme force agissante, doit être divisée par la pensée en deux faisceaux : parallèles et se confondant dans leur action, dans le cas de la plante non modifiée ; divergents, au contraire, dans le cas où elle s'est éloignée par un ou plusieurs de ses caractères, de la forme la plus générale, ou du *type* moyen de l'espèce.

Mais, en outre, cette hérédité est essentiellement variable dans sa puissance et, par suite, dans ses manifestations.

Pour les caractères physiques de volume, de forme, de couleur, etc., le témoignage de nos sens nous suffit pour savoir qu'ils varient dans les divers individus d'une même espèce, et l'observation nous apprend aussi qu'ils sont plus ou moins transmissibles par hérédité.

La même chose a lieu pour les caractères chimiques que nos sens ne nous révèlent pas directement ; mais qui peuvent, grâce aux procédés délicats que possède la science moderne, être aisément rendus appréciables et mesurés avec exactitude. Une expérience importante, et que je vais tout à l'heure citer avec quelque détail, m'en a fourni les preuves les plus évidentes (2).

Ce n'est donc pas une supposition gratuite que d'admettre que les *caractères physiologiques* que nous ne pouvons pas apprécier en eux-mêmes, mais dont l'existence nous est révélée par leurs résultats, sont soumis à des conditions analogues, et qu'ils sont, comme les deux autres classes de caractères, *variables et transmissibles*.

Mais cette faculté même de transmettre à sa descendance

(1) Voyez page 30.
(2) Voir pages 15 à 29,

les caractères qui lui sont propres, est précisément, pour l'individu dans lequel on la considère, un de ces caractères physiologiques.

Or, si nous considérons maintenant séparément les deux faisceaux en lesquels on doit diviser l'action de la force qui constitue l'hérédité, nous remarquerons que celui qui s'applique à l'ensemble des ancêtres antérieurs au père direct (et auquel nous avons plus spécialement appliqué le nom d'*atavisme*), est une moyenne, tant en direction qu'en intensité, et que celle qui tend à produire la ressemblance au père direct ou *hérédité immédiate*, est au contraire essentiellement variable dans les individus. Mais la résultante de deux forces dont l'une est fixe et l'autre variable, est nécessairement variable, et l'hérédité dans son ensemble consistant dans cette résultante, il s'en suit que non seulement tous les individus ne sont pas susceptibles de transmettre au même degré à leur descendance les caractères qui leur sont propres ; mais que deux individus ayant transmis, à un même degré, à leurs descendants les qualités qui les caractérisent, peuvent ne pas les avoir doués au même degré, peuvent même les avoir doués *à des degrés très différents*, de la faculté de transmettre ces mêmes qualités à la génération suivante.

Un exemple tiré des animaux rendra plus sensible cette idée un peu abstraite en elle-même.

Supposons deux chevaux étalons remarquables par huit qualités éminentes, et les mêmes pour tous les deux : la première de ces qualités sera une belle encolure, une tête bien proportionnée et bien attachée. Nous n'énumérerons pas les qualités suivantes qui n'importent pas à notre raisonnement et nous passerons de suite à la huitième.

Cette huitième qualité sera *d'être bon étalon ;* et puisque nous faisons tant que de supposer, nous allons la définir et la mesurer, en disant qu'elle consiste dans la faculté de transmettre à sa descendance les 7/8mes des qualités paternelles.

Descendons maintenant d'une génération et considérons deux rejetons mâles de ces animaux : le premier a transmis à son fils sept de ses qualités ; mais il ne lui a pas transmis la première ; il s'en suit que celui-ci aura une tête trop grosse, mal attachée et qu'il portera mal ; mais comme il aura reçu entière la qualité d'être bon étalon, il transmettra avec ténacité à sa descendance sa vilaine tête, compensée, du reste, par ses autres belles qualités.

Le fils du second, au contraire, possédera toutes les qualités visibles de son père et sera, en apparence, un cheval accompli ; mais comme il n'a pas reçu la huitième, c'est à la seconde génération que se manifestera son grand défaut ; ses produits n'auront entr'eux ni avec lui aucun air de famille, et l'ensemble des belles qualités qu'il avait reçues de son père sera ainsi perdu pour le perfectionnement ultérieur de sa race.

Cette faculté d'imprimer un caractère très prononcé à sa descendance, que certains étalons possèdent à un degré très supérieur à d'autres, est un fait bien connu des personnes qui s'occupent de l'amélioration des races d'animaux domestiques. Mais ce qu'on ignore généralement, c'est que, dans les plantes, ce même fait se retrouve agrandi dans ses limites, au point que quelques-unes douent leur descendance d'une fixité si grande dans les caractères qui ont formé la physionomie propre de la plante-mère, qu'une race, équivalant presque à la valeur du groupe *espèce* est ainsi formée de prime-saut ; tandis que, d'autres fois, on peut élever des milliers d'individus provenant d'une plante présentant quelque particularité remarquable, sans qu'un seul de ces nombreux enfants reproduise le trait distinctif de la mère.

Mais comme cette faculté de transmission n'est rendue appréciable par aucun indice extérieur, que le fait seul en indique l'existence, il devient nécessaire de pouvoir éliminer à la deuxième génération toute la descendance de la plante mal douée sous ce rapport, et j'ai été amené, par ces raisons, à me faire une règle absolue d'*individualiser* les choix : c'est-à-dire de ne jamais mêler à la récolte les graines de deux plantes porte-graines destinées à servir à l'amélioration d'une race, si parfaites et si semblables même, que ces deux plantes pussent paraître.

La première application méthodique que j'ai faite de cette règle remonte à 1837. A cette époque, nous ne connaissions pas encore le procédé des Allemands pour façonner des races doublant bien de giroflées-quarantaines, et celles qui, lorsque nous les recevions de ce pays, doublaient à 75 p. 100, voyaient dans nos cultures la proportion des plantes doubles baisser successivement jusqu'à ce qu'elle ne s'élevât plus qu'à 25 °/₀, point où il fallait les abandonner. Nous avions essayé de marquer parmi les plantes simples (les seules, comme on sait, qui produisent des graines), les sujets les plus étoffés, à feuilles plus larges, etc., ce soin avait un peu ralenti, sans l'arrêter tout à fait, la marche rétrograde. Nos choix étaient alors formés de 10 à 12 plantes sur les 150 à 200 qui composaient le lot ; ils étaient semés à part et présentaient généralement (mais non cependant sans d'assez fréquentes exceptions) une proportion un peu plus forte de plantes doubles que le fond du lot. Je me dis alors que dans une race où le lot donnait 30 °/₀ de doubles, et le choix 35 °/₀, ces 35 °/₀ étaient la moyenne entre des plantes dont les unes pouvaient donner 60 à 75 °/₀ de plantes doubles, tandis que d'autres n'en produisaient que 10 ou même zéro. Je fis donc, dans un certain nombre de lots, récolter à part les graines de 6 plantes par lot, et, comme je m'y étais

attendu, les différences furent très grandes entre le rendement des divers individus. Malheureusement, le plus
souvent, les écarts avaient lieu dans le sens descendant ;
mais ce n'était pas toujours le cas, et après avoir suivi
cette expérience pendant 5 ans, j'avais déjà quelques
lots dont la moyenne avait très sensiblement remonté. Si
j'avais eu alors des cahiers généalogiques et, si l'on me
permet cette expression, les *registres de l'état civil* de mes
plantes tenus aussi correctement que je les possède depuis
sept à huit ans, il serait bien intéressant de reprendre et
d'analyser les détails de cette expérience dont je ne retrouve
que les traits généraux consignés sur les cahiers de culture
des années 1837 à 1843. Mais, à cette époque, un voyage
que fit en Allemagne un de mes associés nous révéla un
moyen si facile d'obtenir presque à volonté des plantes
doubles, que mon expérience devenait désormais sans
objet immédiat, et comme notre vieux jardinier de Verrières, où je suivais ces recherches, voyait avec chagrin
l'adoption d'une méthode qui sextuplait sa besogne, je me
décidai, bien à contre-cœur, à les interrompre.

En 1845, je fis à notre jardin de Paris une application
de ces principes sur la *Rose d'Inde naine hâtive*, plante dans
laquelle les fleurs doubles (c'est-à-dire composées uniquement de demi-fleurons) produisent des graines ; mais qui
donnait toujours dans nos semis environ 1/3 de plantes
semi-doubles ou simples. Sur dix plantes récoltées individuellement, deux n'ont donné que des doubles, et cette
race ainsi obtenue en une seule génération s'est maintenue
parfaitement pure depuis cette époque.

Encouragé par ce premier succès, notre jardinier de
Paris a fait depuis de nombreuses applications de cette
méthode, et c'est à elle que nous devons en grande partie
la rapidité avec laquelle ont été fixées certaines jolies
variétés de fleurs qui ont pris naissance chez nous, comme

la *Belle de jour panachée*, le *Viscaria nain*, celui *rose foncé*, le *Schizanthus Grahami rouge*, les *Coreopsis nain* et à *fleur marbrée*, etc.

Comme exemple de la manière remarquable dont certains caractères accidentels se comportent dans les semis, je puis citer le *Zinnia élégant à fleur blanche panachée*, qui s'est présenté chez nous un grand nombre de fois, et dont nous avons bien souvent recueilli séparément des graines, sans avoir pu jamais arriver à fixer cette variation ; tandis que, d'une autre part, une plante bien connue, le *fraisier de Gaillon* ou *des Alpes sans filets*, dont l'historique a été consigné par mon père dans les anciennes éditions du *Bon Jardinier*, a été obtenu pour la première fois sous la forme d'un individu unique dans un semis de fraisier des Alpes ordinaire, c'est-à-dire à filets, et depuis cette époque, cette variété s'est reproduite invariablement de graine, constituant ainsi un exemple de variation qui, du premier coup, est arrivé à l'état de race constante. Ces exemples montrent dans quelles larges limites varie la faculté que peut posséder une plante de transmettre à sa descendance ses caractères propres, ou, comme nous disions tout à l'heure, d'être bon étalon.

NOTE SUR UNE SÉRIE D'EXPÉRIENCES

ENTREPRISES DANS LA VUE DE DÉVELOPPER

LES

PRINCIPES COLORANTS DE LA GARANCE (1)

Lue à la Société Impériale et centrale d'Agriculture, séance du 28 janvier 1857.

Lorsque, il y a six ans, j'entretenais la Société du travail que je projetais et qui avait déjà reçu un commencement d'exécution, dans la vue de développer par transmission héréditaire le principe sucré dans les Betteraves, j'entrevoyais combien les considérations théoriques que je lui soumettais alors pouvaient recevoir d'applications analogues, et je formais en moi-même le projet de consacrer successivement mes efforts au développement des principes utiles dans quelques-uns des végétaux les plus importants parmi ceux sur lesquels s'exerce l'industrie de l'homme.

Le travail que je poursuis sur les Betteraves étant maintenant arrivé à un point tel, que les méthodes en sont à peu près fixées et les résultats prévus, j'ai entrepris, cette année, de soumettre une nouvelle plante à l'application des mêmes méthodes d'amélioration, et il m'a semblé que la *Garance*, outre l'intérêt pratique considérable qui s'attacherait à la

(1) Bulletin de la Société Impériale et centrale d'Agriculture, 2ᵉ série, T. XII, p. 276.

4

réussite des recherches projetées, pourrait, en raison de conditions physiologiques particulières, fournir quelques éléments nouveaux à la connaissance des conditions générales de la formation des variétés dans les plantes cultivées.

Comme dans l'expérience précédente , il s'agira de rechercher, choisir et multiplier les individus possédant à un plus haut degré que les autres les qualités ou les principes dans lesquels réside la valeur de leur espèce. Les méthodes seules différeront, comme on le conçoit, à cause des différences que présentent les principes cherchés et le mode de développement des plantes.

Dans la Betterave, le principe cherché était unique et simple (le sucre) , la méthode de propagation unique (le semis); la transmission héréditaire était le point physiologique le plus important et le plus direct à étudier. Les circonstances extérieures et leurs influences ne pouvaient l'être que secondairement et après la fixation plus ou moins parfaite du premier caractère.

La Garance renferme plusieurs principes colorants, difficiles à isoler, en proportions variables, et ne me paraissant pas pouvoir être étudiés autrement que par la résultante de leurs effets (en distinguant, toutefois, dans cette résultante, des points de vue différents, comme intensité, nuance, etc.). Mais, d'un autre côté, le mode de propagation est double : le semis, et la division ou bouture. Cette particularité permettra la fixation ou du moins la conservation indéfinie des types transitoires d'amélioration, et aussi, bien probablement, la formation de lots homogènes sur lesquels l'influence des causes extérieures , modificatrices tant de l'individu que de la race, pourra être étudiée avec quelque certitude de ne pas se méprendre sur l'origine des variations observées.

Les premiers essais que j'ai faits, l'été dernier, dans la vue d'étudier la marche à suivre, m'ont déjà permis de constater quelques faits importants. Le premier, que je considère comme tout à fait majeur, est l'énorme amplitude des variations individuelles entres différentes plantes, amplitude qui m'a donné la proportion : : 15 : 49 pour les volumes de liquide amenés au même degré de coloration par des poids égaux de matière, dont l'une provenait d'un individu récolté dans mon jardin, tandis que l'autre était un lot moyen formé de la réunion de divers échantillons du commerce.

La méthode que j'ai employée jusqu'à présent ressemble beaucoup au procédé décrit par Houttou-Labillardière : c'est-à-dire qu'il est fondé sur la comparaison de l'intensité de coloration entre deux liquides que l'on égalise par *dilution*. Ce procédé, bien que moins exact que ceux qui reposent sur l'observation d'un phénomène plus tranché, est cependant susceptible d'une précision assez grande, moyennant le soin d'opérer sur des liquides d'une nuance plutôt faible que foncée. L'accord de plusieurs déterminations faites, sur le même liquide, par un observateur non prévenu, nous a montré qu'avec un peu d'exercice on arrive à bien reconnaître l'influence d'une dilution qui ne s'élève qu'à 1/50 du volume. Je m'y suis donc arrêté, faute de mieux. J'ai employé comparativement l'eau d'alun et l'eau ammoniacale pour dissoudre le principe colorant. La dernière a pour avantage de marcher plus vite, de permettre à l'opération de se faire à froid, ce qui rend l'épreuve plus régulièrement comparative; enfin de donner des nuances qui peuvent être facilement *copiées* ou *représentées* par des sels inaltérables. D'un autre côté, elle a le défaut de donner des liquides dont la couleur se modifie très rapidement, et, en outre, de ne pas épuiser complétement la Garance de ses principes colorants les plus fixes et, par conséquent, les plus précieux.

L'eau d'alun, sous ce dernier rapport, a un grand avantage, mais elle ne se charge de la matière colorante que par une ébullition un peu prolongée, et n'épuise la matière qu'en réitérant même cette ébullition. J'ai donc pensé à adopter une marche habituelle, qui consisterait à faire un premier choix fondé sur l'emploi de l'eau ammoniacale, et à éliminer, d'après ce premier indice, les 7/8 des plantes, en ne gardant que les plus riches ; puis à soumettre ce dernier huitième à un nouveau triage fondé sur l'emploi de méthodes plus lentes, mais plus précises.

Quel que soit, du reste, le liquide employé, j'ai trouvé qu'il était suffisant de se servir de tubes fermés, hauts de 25 à 30 cent. et d'une capacité de 25 à 30 cent. cubes. La racine est séchée à l'étuve, puis pulvérisée, et laissée à l'air libre quelque temps, pour reprendre la dose normale d'humidité. On en introduit alors une quantité pesée dans le tube, avec un volume jaugé de liquide, qui est ensuite agité à deux reprises à intervalles égaux, puis laissé en repos quelques minutes. Ce temps suffit toujours pour que les liquides deviennent assez clairs pour être comparés. Le liquide qui sert à opérer la dilution pour l'égalisation des teintes doit être le même que celui qui a servi à faire la dissolution ; seulement il est bon qu'il soit d'une faible fraction plus dense que celui employé d'abord, ce qui permet au mélange de s'opérer sans recourir à une nouvelle agitation. Ce liquide est versé goutte à goutte, au moyen d'une burette graduée, sur les divisions de laquelle on note les volumes employés ; ces volumes, comme on le conçoit, sont l'expression de la puissance colorante de l'échantillon essayé.

J'ai dit plus haut que la couleur que prend l'eau ammoniacale au contact de la Garance se modifiait rapidement à l'air. J'ai donc dû chercher, pour pouvoir rendre comparables entre eux les résultats de plusieurs journées de travail, à me créer, en dehors des produits de la Garance, des types

de couleur que je pusse regarder comme à peu près invariables. Pour cela, j'ai cherché à imiter avec des sels minéraux la nuance exacte de l'infusion ammoniacale que je pre-
nais pour type, et j'y suis arrivé d'une manière assez satisfaisante au moyen du chlorure de cobalt et surtout du sel
que M. Frémy a découvert et décrit sous le nom de *sulfate
de roséo-cobaltiaque,* et dont la nuance est exactement semblable a celle fournie par quelques-uns des meilleurs échantillons de Garance. Entre le chlorure de cobalt, d'une part,
et le sulfate de roséo-cobaltiaque modifié par des doses
graduées de bichromate de potasse, de l'autre, j'ai pu
former une série qui reproduit toutes les nuances que peut
présenter l'infusion ammoniacale de Garance ; et, admet-
tant (ce que je crois exact) que les Garances ont d'autant
plus de mérite que leur nuance se rapproche plus du rose,
j'ai pensé qu'il valait mieux, dans la comparaison d'intensité, ne pas tenir compte de l'élément jaune qui faisait partie
de la couleur. J'ai donc opéré de la manière suivante.

Le chlorure de cobalt pur a été pris pour le ton le plus
rouge : ce même sel, additionné de doses successivement
doubles de bichromate de potasse, a donné trois nuances,
dont la troisième coïncide à peu près exactement avec le
sulfate de roséo-cobaltiaque pur ; celui-ci a été additionné
de doses successivement croissantes de jaune, jusqu'à 'ce
que la teinte commençât à être très sensiblement rabattue,
ce qui a lieu vers la limite qu'atteignent, vers le rouge
orangé, les infusions *ammoniacales* de Garance, dans les
deux échelons placés entre le chlorure de cobalt pur et le
sulfate de roséocobaltiaque, j'ai égalisé, par tâtonnement
(aussi bien qu'il m'a été possible de le faire entre deux
couleurs n'ayant pas exactement la même composition),
leur intensité relative, avant d'ajouter le jaune qui devait
les relier. Entre le sulfate de roséo-cobaltiaque et l'extrémité du côté jaune de la série, les tubes ont reçu des

quantités égales de sulfate, et par conséquent l'élément rouge de la couleur y est égal *par construction*.

Il en résulte une série de types ou *Normes* E, Ej^1, Ej^2, Ej^3, Ej^4, Ej^5, dans laquelle l'intensité de la couleur rouge est égale, et qui fournit l'échelle des couleurs que peuvent présenter les liquides à examiner. Chacun de ces types peut être pris indifféremment pour y égaliser, par dilution, les infusions de Garance, et il devient aisé de le faire avec exactitude, en prenant pour comparaison celui dont la *couleur* se rapproche le plus du liquide à examiner, l'attention de l'observateur n'ayant plus ainsi à se porter que sur l'intensité des deux teintes qu'il a à juger.

Je crois être arrivé ainsi à éviter ce que le procédé Houttou-Labillardière présente de défectueux, en ce qu'il oblige le plus souvent à établir une comparaison d'intensité entre des *couleurs* ou *gammes* différentes, et qui ne peuvent, par conséquent, jamais être amenées à l'identité absolue.

J'avais d'abord songé à donner une signification à mes tubes-types de couleur, en les faisant consister dans la reproduction d'un liquide titré fait avec de l'alizarine ou au moins de la garancine; mais il m'a semblé qu'une détermination faite ainsi, *à priori*, courait grand risque d'être inexacte, et que, si les types adoptés ainsi tout d'abord devaient, pour le calcul, être assujettis à une correction, il valait mieux se soumettre franchement à cette nécessité, en adoptant, dès le début, un type purement arbitraire dont la valeur ou expression numérique pourrait être déterminée à loisir, et modifiée même au besoin, sans pour cela fausser les résultats de l'expérience (1).

---

(1) Par une coïncidence assez bizarre, le norme Ej^2 se trouve, à bien peu près, reproduire la teinte donnée à 15 cent. cubes d'eau ammoniacale par 100 milligrammes d'un échantillon moyen de Garance formé du mélange de plusieurs lots du commerce, et qui m'avait, pendant quelque temps, servi de comparaison. J'avais pensé à prendre là mon type; mais les raisons que je viens d'exposer m'ont empêché de donner suite à cette idée.

J'ai donc adopté la solution saturée à froid de sulfate de roséo-cobaltiaque dans l'eau distillée, puis additionnée de volume égal d'eau distillée. Cette solution, facile à reproduire identiquement, répond au troisième échelon de ma série, le norme Ej^2, les deux normes plus rapprochés du rouge étant, comme je l'ai indiqué plus haut, obtenus à l'aide du chlorure de cobalt, et par comparaison avec celui-ci.

Il m'a semblé, jusqu'à présent, que les deux sels de cobalt que j'emploie n'éprouvent, de la part de la lumière, ni dans leur mélange avec le bichromate de potasse, aucune altération appréciable dans leur coloration. Mais un procédé que j'étudie en ce moment me permettra d'atteindre, d'une manière plus simple, le but proposé, et me mettra complétement à l'abri de toute préoccupation, quant aux variations possibles de mes types. Grâce à l'obligeance extrême de M. Clemandot, directeur de la cristallerie de Clichy, j'ai pu obtenir des tubes en verre doublé rouge à base d'or, dont la coloration se rapproche tellement du norme fait avec le sulfate de roséo-cobaltiaque, que des quantités presque inappréciables de jaune ou de bleu, ajoutées au liquide incolore qu'ils contiennent, amènent avec la plus grande facilité les deux couleurs à l'identité aussi parfaite que l'œil puisse l'apprécier. Ces tubes sont du même calibre que ceux qui servent à l'essai des Garances; le liquide qu'ils contiennent leur donne des effets de réfringence nécessaires pour qu'ils présentent le même aspect que ceux auxquels on les compare, et dont l'absence rendait plus difficile la comparaison entre un tube rouge vide et un tube blanc rempli d'un liquide coloré. Enfin les sels minéraux qui servent à modifier la teinte du vase étant purs, on n'a pas à craindre de réactions qui puissent modifier leur coloration.

Un point qui présentera quelque difficulté sera la prise d'échantillon. Sous ce rapport, la Garance est bien loin de la simplicité et des garanties d'exactitude que j'avais rencontrées dans la Betterave. D'après de premières recherches superficielles, les différentes portions de la racine d'une même plante présentent des différences notables dans l'abondance des principes colorants. Ces différences s'observent entre les portions de racine d'âge différent, et probablement même aussi, entre des portions du même âge, dans les conditions qui m'ont paru être leur éloignement du collet ou leur position dans le sol. Cette étude sera assez délicate, mais elle est importante; car, si l'on pouvait simplifier beaucoup la prise d'échantillon, sans altérer d'une manière notable les conditions de précision nécessaires, il y aurait grand avantage à le faire.

En effet, en rendant chaque opération d'essai moins longue, on accroît le nombre des essais qui peuvent être faits dans le cours d'une saison, et, dans la même proportion, les chances de rencontrer les *maxima* exceptionnels sur lesquels repose la création de la race perfectionnée.

Dans mes premiers essais de l'été 1856, j'ai pris pour échantillon d'essai un embranchement entier de la racine, depuis le collet jusqu'aux extrémités les plus déliées qu'on ait pu atteindre par un arrachage fait avec soin. Cette méthode a l'inconvénient que la portion de la racine âgée d'un an seulement, et moins riche que le reste, ne pouvant que très difficilement être recueillie en entier, la proportion qu'elle présentera dans l'ensemble dépend ainsi du plus ou moins de soin apporté à l'arrachage.

Je penche donc dans ce moment, et jusqu'à ce que j'aie trouvé quelque chose de meilleur, pour la méthode qui consisterait à opérer exclusivement sur des plantes âgées de deux ans et à retrancher entièrement les parties développées dans l'année, et qui sont très facilement reconnaissables à l'aspect. La totalité de l'échantillon appartiendra donc uniquement à la portion de la racine âgée de deux ans.

Chaque échantillon devra être numéroté, séché et pulvérisé avant l'essai, et un numéro correspondant placé sur la plante d'où il provient, pour le cas où elle devra être conservée. Le poids frais pris à l'arrachage et sa comparaison avec le poids sec seront une donnée que je ne négligerai pas, bien que l'état de l'atmosphère et d'humidité du sol rende le rapport du frais au sec très variable , et par conséquent peu significatif. C'est principalement la puissance de coloration rapportée au poids sec qui sera l'expression de la valeur des racines, et pour cela il sera nécessaire d'adopter, pour le degré de dessiccation ou *conditionnement* des échantillons, une base uniforme.

Le séchage, la pulvérisation et le conditionnement des poudres devront donc précéder l'essai, et l'on sent combien de retard entraînent ces opérations préliminaires, puisqu'il faut les faire subir indistinctement à tous les numéros, qu'ils doivent ou non fournir des plantes à garder. Aussi tous les détails de ces opérations méritent-ils d'être examinés avec soin ; car, une fois la série des essais définitifs commencée, il sera nécessaire, pour qu'ils restent bien comparatifs, de continuer sans modifications la méthode qui sera adoptée d'abord (1). La pulvérisation surtout est longue et difficile à opérer d'une manière satisfaisante, et sans trop de déchet, sur des échantillons d'un petit volume. Faite dans un mortier, elle est très lente et nécessite un

---

(1) Si je me suis écarté (en apparence plus qu'en réalité) de cette méthode dans mon travail sur la Betterave, c'est que , d'abord, le prélèvement de l'échantillon à essayer s'est trouvé, dès le début, suffisamment correct et n'a pas été modifié ; puis, que pour l'étude de la question de transmission, j'avais, avant toute chose, à constituer des familles dont la filiation fût exactement connue et dont l'existence était nécessaire, même en dehors de la connaissance plus ou moins complète que je pouvais avoir des qualités des individus qui les composaient.

tamisage qui devient une cause de perte considérable de temps et de matière. J'ai combiné un petit instrument dont la marche n'est pas encore complétement satisfaisante, mais qui me paraît pouvoir être amené à bien fonctionner par quelques légers perfectionnements. Il consiste en deux molettes en acier, dentées sur le plat, dont l'une est montée, sur l'extrémité de l'arbre d'un petit touret mû par un archet, tandis que l'autre est fixée au bout d'un manche-poussoir, qui représente assez bien un gros cachet. Ce manche reçoit, par une monture à baïonnette, un tube en métal ouvert par les deux bouts, et dont le diamètre intérieur est le même que celui des molettes. Le tube, fixé sur le manche, présente ainsi une cavité cylindrique dont la molette dormante forme le fond, et dans laquelle on introduit l'échantillon à pulvériser. La molette, fixée sur le touret auquel l'archet communique un mouvement rapide de va-et-vient, est alors présentée à l'extrémité ouverte du tube, et une pression modérée amène très rapidement la pulvérisation de la Garance, pulvérisation qui est complète, si on a eu soin, dans la denture des molettes, de faire coïncider exactement le sommet des sillons concentriques de l'une avec le fond de ceux de l'autre ; de cette façon, les dernières portions de partie ligneuse sont atteintes, et le tamisage devient inutile. Le tube et les deux molettes sont essuyés et nettoyés complétement et en un instant, après chaqne opération, de sorte que tout mélange est impossible.

RFCHERCHES

RELATIVES A L'EXTRACTION

DU

PRINCIPE COLORANT DE LA GARANCE [1]

Note lue à la Société Impériale et centrale d'Agriculture, séance du 20 janvier 1858.

J'ai déjà plusieurs fois entretenu la Société de la série de recherches que j'ai entreprises dans la vue d'améliorer les plantes cultivées, en développant en elles des qualités importantes, mais qui ne sont pas directement appréciables à nos sens : le sucre, dans la Betterave et le Sorgho; le principe colorant, dans la Garance; l'huile, dans la graine du Colza ; la fibre textile, dans le Lin et le Chanvre, etc. La méthode que j'emploie est, comme toujours, fondée sur la sélection et la multiplication des individus les plus richement doués; mais il faut recourir à des moyens souvent délicats pour mettre en relief, c'est-à dire pour rendre appréciables et *mesurables* les qualités sur lesquelles le choix doit être fondé.

C'est au sujet d'un moyen de rendre plus précise l'une de ces déterminations que je recourais, avant la séance, aux conseils bienveillants de notre président, M. Chevreul, qui m'engage à communiquer à la Société les observations que je lui soumettais à l'instant. Elles sont d'une nature

(1) Bulletin des séances de la Société Impériale et centrale d'Agriculture, 2ᵉ série, T. XIII, p. 104.

peu agricole par elles-mêmes; mais, si les perfectionnements apportés à un instrument destiné à cultiver le sol
sont dignes de son attention, elle s'intéressera, au même
titre, aux modifications successives apportées à une méthode qui s'applique à l'amélioration des plantes.

Lors de la communication que j'ai eu l'honneur de faire
à la Société, il y a à peu près un an, je n'employais
encore qu'un moyen pour juger de la qualité des racines
essayées. Ce moyen, fondé sur la *colorimétrie*, consistait à
comparer à des types fixes la coloration communiquée à
des volumes connus d'un liquide alcalin par des poids
égaux de garance à essayer. Depuis, j'ai substitué au liquide ammoniacal que j'employais alors une faible lessive
de potasse qui n'a pas, au même degré, l'inconvénient de
donner des teintes qui brunissent à la lumière. Mais, à
partir de cet été, j'ai ajouté à la colorimétrie le contrôle
d'une seconde épreuve par teinture directe. Cette méthode
a le grand avantage de laisser derrière soi des échantillons
à peu près inaltérables et auxquels on peut toujours recourir, tandis que la colorimétrie ne laisse qu'un chiffre
sur le cahier, sans aucun moyen de contrôle, si plus tard
on vient à soupçonner une erreur.

La méthode de teinture que j'emploie est celle usitée
dans toutes les fabriques d'indiennes; elle est fondée.
comme l'on sait, sur l'emploi d'une étoffe de coton mordancée par bandes de quatre couleurs. Seulement j'ai dû,
pour pouvoir l'appliquer à des quantités de matière aussi
petites que celles dont je puis disposer, la modifier un peu
et m'assujettir à quelques précautions nécessaires pour
rendre ses indications suffisamment précises.

La teinture se fait au bain-marie, à une température
que l'on élève graduellement, en l'espace de deux heures
et demie, de 30° à l'ébullition, qui doit être prolongée
une demi-heure; il est important que la température ne

subisse pas de mouvement rétrograde. Les vases dans lesquels elle se fait sont de petites éprouvettes en verre très épais. Elles reçoivent chacune 20 centimètres cubes d'eau de notre puits (qui est légèrement calcaire), 2 décigrammes de la Garance à essayer finement pulvérisée, plus, le petit coupon d'épreuve, qui pèse environ 65 centigrammes et qui présente 10 centimètres de surface pour chaque bande mordancée, en tout 40 centimètres carrés à teindre. Le bain-marie contient huit éprouvettes, dont une reçoit toujours un certain lot de Garance du commerce, et les sept autres sept lots à essayer. J'introduis ainsi dans chaque opération un lot qui sert, en quelque sorte, de type ; car, malgré les précautions les plus attentives, je ne puis encore empêcher que des circonstances qu'il m'est impossible de maîtriser influent sur la réussite de l'opération de teinture, et, dans ce cas, le lot commun à toutes les opérations me sert d'avertissement et de contrôle.

Mais son rôle se restreint à cet office, et je n'ai pu y trouver d'une manière suffisamment correcte un type pour exprimer d'une manière absolue la valeur ou la richesse de mes Garances.

Cependant, toujours préoccupé de la recherche de ce type, j'ai essayé de me faire une échelle au moyen d'une série de coupons égaux en surface à ceux que j'emploie aux essais et teints avec des poids connus d'alizarine pure. J'ai opéré, au moyen de magnifique alizarine, plusieurs fois sublimée, que M. Fontaine, fabricant de produits chimiques à Paris, avait préparée en vue de l'Exposition de 1855, et qu'il a bien voulu me céder, en la mesurant, pour plus de précision, sous la forme de dissolutions titrées très diluées. Mais il m'a semblé que cette belle matière n'était pas encore parfaitement pure, et qu'elle contenait encore quelques matières pyrogénées huileuses ou hydrocarburées ; de sorte que j'ai voulu préparer moi-même mon alizarine. Ne pouvant aborder les méthodes trop délicates indiquées pour la préparation de l'alizarine, et voulant surtout éviter la sublimation, j'ai tenté une autre voie, et ce sont les résultats qu'elle m'a donnés que je soumettais, avant la séance, à notre illustre président.

Voici le procédé auquel je suis arrivé : du charbon sulfurique de Garance (garancine du commerce) est traité à chaud, en deux ou trois lavages, par moitié de son poids d'alun ammoniacal très pur; le liquide qui s'écoule sous le filtre est d'une magnifique couleur *écarlate orange*. On le fait évaporer en troublant, par des agitations fréquentes, la cristallisation de l'alun, qui forme de petits cristaux encroûtés d'alizarine amorphe. Ce produit est desséché, puis broyé et repris au bain-marie, et loin de tout foyer, par le sulfure de carbone bouillant, qui dissout l'alizarine seule et laisse l'alun propre à resservir à une nouvelle opération. La dissolution d'alizarine dans le sulfure de carbone est d'un jaune d'or brillant; elle est filtrée immédiatement, et par le refroidissement on voit les parois du flacon où elle est reçue se couvrir de charmants groupes étoilés d'aiguilles soyeuses. J'obtiens ainsi de l'alizarine parfaitement cristallisée par voie humide. L'extrême simplicité de ce procédé me fait penser qu'il pourra être adopté par l'industrie.

L'alcool absolu bouillant peut aussi être employé à la place du sulfure de carbone; c'est de lui que je m'étais servi d'abord, et j'en ai obtenu, sur laine, des tons bien plus purs que ceux que me donnait la solution alcoolique d'alizarine sublimée.

EXPÉRIENCES

SUR

LA CULTURE DU COLZA [1]

—

Note lue à la Société Impériale et centrale d'Agriculture, séance du 6 janvier 1858.

—

Je viens exposer brièvement à la Société les débuts d'une série d'expériences que j'ai commencées, cette année, sur le *Colza*, et dans laquelle je cherche à déterminer d'abord, puis à développer l'abondance du principe gras dans la graine.

Le procédé que j'ai employé est fondé sur l'emploi de l'éther et sur la méthode de dilution proportionnelle, qui m'a paru plus exacte et d'une manœuvre infiniment plus facile que celle *par épuisement*. Je me suis assuré, par des épreuves réitérées, que la précision que l'on obtient ainsi est supérieure aux besoins stricts de l'expérience.

Les vingt-huit plantes sur lesquelles j'ai opéré cette année m'ont fourni les rendements en huile qui ont varié de 49 *pour* 100 *maximum* à 34 *minimum*. — Ce sont donc là les limites probables de variation sur lesquelles j'aurai à opérer. — Elles sont, comme on voit, bien plus resserrées que pour la Betterave, qui, au début, me donnait pour limite 4 et 14, et la garance, où je trouvais 15 et 49. — Toutefois, telles qu'elles sont, ces limites ouvrent un large

<hr>

(1) Bulletin des Séances de la Société Impériale et centrale d'Agriculture, 2e série, T. XIII, p. 77.

champ aux améliorations que je vais entreprendre, et qui, comme on sait, sont fondées sur la multiplication, par individus isolés, de la descendance des plantes qui ont présenté au plus haut degré les caractères cherchés. C'est seulement en opérant sur les individus uniques que l'on peut constituer, dans les plantes, une noblesse, c'est-à-dire une série d'individus dans lesquels les qualités individuelles se transmettent, sans altération, de génération en génération. Cette étude de la transmission héréditaire des caractères a été et sera celle de toute ma vie, et les diverses séries d'expériences que j'entreprends dans cette ligne, et dont j'ai successivement entretenu la Société ne sont que des efforts successifs pour attaquer la grande question qui fait le lien commun de toutes ces recherches.

Paris. — Imp. Félix Malteste et Cie, rue des Deux-Portes-Saint-Sauveur, 22.